社会资本、林业碳汇供给与林农生计

李 研 著

中国农业出版社
北 京

图书在版编目（CIP）数据

社会资本、林业碳汇供给与林农生计 / 李研著. —北京：中国农业出版社，2022.10
ISBN 978-7-109-29954-2

Ⅰ.①社… Ⅱ.①李… Ⅲ.①森林－二氧化碳－资源管理－研究－中国 Ⅳ.①S718.5

中国版本图书馆 CIP 数据核字（2022）第 163094 号

中国农业出版社出版
地址：北京市朝阳区麦子店街 18 号楼
邮编：100125
责任编辑：王秀田
版式设计：杜　然　　责任校对：吴丽婷
印刷：三河市国英印务有限公司
版次：2022 年 10 月第 1 版
印次：2022 年 10 月河北第 1 次印刷
发行：新华书店北京发行所
开本：700mm×1000mm　1/16
印张：11.5
字数：210 千字
定价：68.00 元

本书是河北省社会科学基金项目“以乡村社会资本促进河北省林业碳汇发展的路径研究”（项目编号：HB20YJ031）的研究成果。

本书的出版得到唐山师范学院校内出版基金资助（资助项目编号：2022CB04）。

特此致谢！

前 言

林业碳汇是我国应对气候变化的重要手段，是以经济手段解决环境问题的工具。2013—2014 年，随着国内碳交易市场的建设，国家发改委陆续推出中国核证减排量（CCER）交易林业碳汇项目方法学，经认证的林业碳汇陆续进入国内碳交易市场，用以抵减企业的超额排放。促进国内林业碳汇项目开发，增加林业碳汇供给，对于促进我国生态建设、取得环境绩效目标具有重要的意义。

集体林约占我国林地总面积的 86.7%（国家林业和草原局，2018）。如何促进集体发展林业碳汇项目，是我国林业碳汇发展过程中必须思考和解决的问题。小规模林农是我国集体林的主要经营主体，其是否参与林业碳汇项目对于集体林开发林业碳汇项目的数量和规模均具有重要影响。社会资本被认为是物资资本和人力资本之后的第三大资本。中国乡村社会是建立在差序格局上的“熟人社会”，具有相对同质性、封闭性和稳定性特征，且中国乡村社会资本存量相对丰富。已有的研究证明我国的乡村社会资本在集体性农业生产、土地流转、生态补偿和农户收入等领域都发挥着重要作用。集体林开发林业碳汇项目，涉及林地流转、农户集体参与等行为，同时亦属于环境保护项目，那么，社会资本因素在农户参与林业碳汇项目的行为过程中发挥了什么样的作用？这为积极促进我国集体林开发林业碳汇项目提供了新的思考视角。

我国的贫困区域与重点生态功能区存在地理上的高度重合，因此国内的林业碳汇项目多分布于贫困地区。这些地区的林农生计严重依赖于当地的森林资源，获得森林产品和服务对一些贫困家庭来说尤其重要。因此，对于林业碳汇项目而言，其环境绩效固然重要，但还需要关注项目对于周边农户带来的减贫绩效。因为已有的研究显示，任何财富效应差的环境支付项目很难取得长期的预期环境绩效目标。尤其是在贫困地区开展环境付费林业项目往往很难取得预定的环境绩效，其原因是贫困农户往往会因为自己短期的经济利益而做出有损环境绩效的森林经营行为。分析农户参与林业碳汇项目对其生计带来的影响显得十分必要。

林业碳汇作为以经济手段解决环境问题的工具，其基本目标是减缓森林退化、增加森林面积，利用森林碳汇机制增加森林碳汇储量。林业环境项目的设计要与减贫相结合，兼顾实现生态环境保护和农村减贫增收的双重目标，促使生态补偿的生态目标和减贫目标产生相互协同的正向效应。农户作为林业碳汇项目的参与者，其行为意识和行为方式是影响林业碳汇项目环境绩效目标实现的关键因素。社会资本与农户的环境保护态度与行为紧密相连，对农户多领域的生产行为及意愿都有重要影响。将社会资本、林业碳汇供给与林农生计三者结合起来，以社会资本建设促进林农积极参与林业碳汇项目，以林业碳汇项目实施提升林农的生计水平，探索林业碳汇项目达成环境绩效目标与减贫绩效目标的双赢，对于我国生态环境的改善和林区农户减贫增收具有重要的现实意义。

本研究首先针对研究目标，设计了研究思路和研究内容；然后在充分梳理国内外相关研究文献的基础上，构建了本研究的理论分析框架，并以此为据，将本研究划分为五个研究专题：国内外林业碳汇项目开发与林农参与特征研究；社会资本对林农参与林业碳汇项目行为的影响；社会资本对林农参与林业碳汇项目权益分配的影响；参与林业碳汇项目对林农生计基础和生计策略的影响；参与林业碳汇项目对林农生计结果的影响：收入和主观福祉。

目录

第1章　绪　论

1.1　研究背景与问题提出

1.1.1　发展集体林林业碳汇项目对于促进我国林业碳汇发展的重要性

面对全球气候变化，如何减缓大气中的二氧化碳水平已经成为国际社会共同面临的环境问题。据估计，陆地森林生态系统的碳储量占全球碳储量的33%～46%（IPCC，2000；Bonan，2008；Kutch et al.，2010），森林碳储量囊括了超过全球80%的地上碳储量和70%以上的土壤有机碳（Jandl et al.，2007），是全球陆地生态系统中最重要的碳库，其碳汇作用对全球气候的调节发挥着重要作用。作为陆地生态系统最大的碳库，森林生态系统既可以是碳汇，也可以是碳源，取决于森林资源存量的动态变化。减少毁林和控制森林退化可以有效阻止和减少森林碳库向大气排放二氧化碳，通过造林、再造林活动增加森林面积，通过森林经营促进其生长，都可以促使森林吸收更多的二氧化碳。1990—2015年，全球森林面积从41.28亿公顷下降为39.99亿公顷，共减少了1.29亿公顷，全球森林面积由占陆地面积的31.6%降至30.6%（联合国粮食及农业组织，2018）。20世纪90年代的毁林率是每年1 290万公顷，相当于每年排放58亿吨二氧化碳（联合国粮食及农业组织，2006）。虽然近年来这一流失的步伐有所减缓，但如果不能有效控制森林损毁活动，即使所有化石燃料排放被即刻消除，到2100年仅热带森林破坏也会让全球温度上升1.5℃（中国绿色时报，2018）。为了充分发挥森林碳汇作用和增加森林供给，林业碳汇交易被纳入各国国内和国际碳交易体系，林业碳汇成为世界各国应对气候变化的重要手段。

2014年，国家林业局出台《国家林业局关于推进林业碳汇交易工作的指导意见》（林造发〔2014〕55号），就完善国内CDM林业碳汇项目交易、推进国内林业碳汇自愿交易和探索碳排放权交易下的林业碳汇交易等方面提出指导意见，积极推进国内林业碳汇交易的发展。2013—2014年，国家发改委陆续推出中国核证减排量（CCER）交易林业碳汇项目方法学，已公布的林业碳汇项目方法学涵盖了新造林、森林经营管理、竹子造林和竹林经营管理四个类型的林业碳汇项目。上述四类林业碳汇项目产生的核证减排量进入国内碳交易试点市场交易，用以抵减企业的超额排放。与其他类型的减排项目相比，林业碳汇项目生态效益巨大。但与其他项目相比，尤其与能源类减排项目相比，CCER 林业碳汇项目在项目总量中所占比重非常低，截至 2017 年 4 月，经审定的 CCER 林业碳汇项目仅占审定项目总量的 3.34%。因此，进一步促进国内林业碳汇项目的开发，对于促进我国生态建设，取得环境绩效目标具有重要意义。

截至 2017 年年末，我国集体林确权任务基本完成，共确权集体林地面积 27.05 亿亩*，约占全国林地总面积的 86.7%（国家林业和草原局，2018）。如何促进集体林发展林业碳汇项目，是我国林业碳汇发展过程中必须思考和解决的问题。小规模林农是我国集体林的主要经营主体，他们是否参与林业碳汇项目对于集体林开发林业碳汇项目的数量和规模均具有重要影响。事实上，任何林业环境项目在开展之前都应该与作为林业环境供给者的林农做必要的接触与沟通（Reoluwa Ola et al.，2018）。

因此，分析林农参与林业碳汇项目行为的影响因素，促进集体林开发林业碳汇项目对于我国林业碳汇的发展具有重要的现实意义。

1.1.2 林业碳汇项目设计目标的双重性：环境绩效和减贫绩效

《联合国森林战略规划（2017—2030）》将所有类型的森林以及森林以外树木的可持续管理列为重要目标，并明确阐述全球森林战略目标包括以下两个方面：第一，通过森林可持续管理，包括保护和恢复森林、造林和再造林，扭转全球森林面积下降的趋势，并加大努力防治森林退化，应对气候变化。第二，增加森林的经济、社会及环境效益，改善以森林为生者的生计。

全球 40%极端贫困的农村人口（约 2.5 亿人）生活在森林和热带草原地带，森林产品和服务仍然是这些贫困家庭的生计依赖。一些研究显示，很多林区贫困农户会通过砍伐树木和林区狩猎的方式获取现金收入，森林是他们满足生存需求的资源。（联合国粮食及农业组织，2018）。保护森林意味着放弃木材、农作物和牲畜带来的收入。由于缺乏能源供应，烧柴成为林农生活方式之一，森林的破坏和林木焚烧又增加了碳排放量，导致毁林与气候变化的双重破

* 1 亩=1/15 公顷。

坏（夏少敏、张卉聪，2010；崔亚虹，2010）。虽然环境服务付费的根本目的是保护生态环境，然而由于意识到穷人可以成为环境服务的相关提供者，所以各国的环境服务付费项目都试图将减贫目标纳入其中（吴乐等，2019）。

在我国，生态脆弱区域和贫困区域在地理上存在高度一致性。我国80%的国家级贫困县和95%的绝对贫困人口生活在生态环境极度脆弱的老少边穷地区（环境保护部，2008）。另外，国内贫困区域与重点生态功能区亦存在地理上的高度重合，我国的重点生态功能区占贫困地区总面积的76.52%（周侃、王传胜，2016）。这些地区的林农生计严重依赖于当地的森林资源，获得森林产品和服务对一些贫困家庭来说尤其重要，森林和树木可能以现金收入和满足生存需求的方式为贫困家庭提供了约20%的收入（联合国粮食及农业组织，2018）。林业碳汇项目被政策导向为精准扶贫工具，用以提升林区贫困农户的生计水平（杨博文，2019）。

另外，财富效应差的环境支付项目很难取得长期的预期环境绩效目标（Oreoluwa Ola et al.，2019），尤其在贫困地区开展的环境付费林业项目往往很难取得预定的环境绩效，其原因是贫困农户往往会因为自己的经济利益而做出有损环境绩效的森林经营行为（Cyrus et al.，2014）。因此，部分学者提出以经济补偿的方式刺激林农在生产决策中考虑环境效益，并计算出了一系列维持生态绩效的经济补偿标准（Daniel and Bruce，2004；Yu and Zhang，2014；Neuman and Belcher，2011）。Oreoluwa（2018）针对56项森林环境项目的研究结果显示，参与项目的农户行为对林业项目的环境效果具有重要影响，针对农户森林经营行为的激励机制是必须的。因此，分析农户参与林业碳汇项目对其生计带来的影响显得十分必要。

综上所述，减缓森林退化、增加森林面积，取得环境绩效是各国推进林业碳汇项目的直接目的。但由于林业环境项目的实施多与贫困农户相联系，为了取得更好的项目环境绩效，林业碳汇项目设计应该兼顾双重目标：环境保护和减贫增收，因此，分析农户参与林业碳汇项目对其生计带来的影响显得十分必要。

1.1.3　社会资本对林农生产的重要性

社会资本最早被社会学领域的学者提出，随着对社会资本研究的不断深入，社会资本被认为是物资资本和人力资本之后的第三大资本。乡村社会资本作为农村发展资源的重要性已经被广泛认可，尤其是在涉及国家和民众共同参与的发展项目中，社会资本的作用更是显得非常重要，通过社会干预促进农业发展已经成为学术界研究的热点（Juan José Michelini，2013；Galih and Darwanto，2016）。

以小农户生产为主的农村，乡村社会资本会对农户的集体行动过程和生产效率产生影响。Norman 和 Wijayaratna（2000）在对乡村社会资本结构进行分析的基础上，论证了合理设计农户在互利集体行动中的角色、规则和规范，引导农户在集体行动或组织中培养适合的价值观，可以在集体生产的系统性能和效率方面产生可衡量的改进。农户在面临是否与其他农户联合开展行动或选择是否加入其他农户联合进行的集体行动时，乡村社会资本水平与农户的集体行动之间具有显著的相关性，较低的社会资本水平会阻碍农户加入其他农户的集体行动，且最终会导致农户之间信任水平的下降（André Augusto Pereira Brandão and Nilton Cesar Santos，2016）。类似农民合作社之类的农户组织有利于农户之间的协调沟通，但是农户组织存在时间较长之后，农户组织会面临组织价值观和规范要求的减退，组织内农户间的信任感和社交网络的利用效率也会下降，加强农户之间的信息沟通，提升农户间信任程度可以促进农业的发展（Galih Mukti Annas Wibisono and Darwanto，2016）。如果农户面临需要支付货币成本加入某项乡村集体行动时，虽然参与意愿明显偏低，但社区层面的社会资本和个人层面的社会资本对农户参与集体行动的意愿有显著的正相关影响（Licheng et al.，2005）。除此之外，处于农村与城市界面上的农民与非农民之间建立的社会资本对农业生产也具有显著影响。农户在农业生产和交易过程中，会尝试与非农临界区域发展社会资本和睦邻关系，以缓解农村——城市界面上非农民所关注的社会制约因素。相关的实证研究亦证实当非农民与农民之间存在社会资本时，非农民对农业的支持和容忍度更强（Sharp and Smith，2003）。

集体林权改革完成后，农户成为我国集体林区的主要经营主体。林地流转、合作经营成为解决我国集体林地细碎化、林业生产规模化效益低的关键。乡村社会资本中的多个维度对集体林地流转具有重要意义。林丽梅等（2016）对我国闽西北集体林区农户的调查研究显示，林农获取生产技术的难易程度对于农户林地转入意愿、转出意愿和转入行为均有显著的负向影响；家中是否有村干部或林业站工作人员对林农的林地转出意愿、转入行为具有显著负向影响。徐畅和徐秀英（2017）对我国浙江省林农的实证研究表明：经常走动的亲朋数量、农户对农业信息的了解程度对农户流入和流出林地行为均有显著的正向影响；农户对干群关系的评价对林地流出行为具有显著正向影响。社会资本具有显著的中介效应，社会资本会通过促进农户的非农就业来正向影响土地转出，通过对劳动力资源的再配置，社会资本可以在土地流转中发挥关键作用（钱龙、钱文荣，2017）。

林区农户的一些生产或生计行为对生态环境有破坏作用，主要表现在生态公益林丧失、林木滥伐、生物多样性减少等方面（赵绘宇，2009），而林农对生态环境保护的态度越积极，破坏生态环境的行为发生就越少（Nepal and Spiteri，2011）。乡村社会资本中的社区性特点、对农户行为的约束性特点亦是影响农户生态保护行为的重要因素（谭荣，2012）；农户社会资本的网络规模、规范程度、信任维度均对其生态补偿参与意愿有显著的正向影响（张方圆等，2013）。另有研究发现，社会资本在帮助农户减少贫困和改善收入方面可以发挥积极作用（Abdul-Hakim et al.，2010；Grootaert，1999；Grootaert and Swamy，2002）。对坦桑尼亚农村地区的实证研究显示，村庄社会规范和社团关系对农户家庭收入有显著影响，更好的社区公共服务、更紧密的社区合作和优良的社会信用体系使得社会资本对农户收入产生直接影响（Narayan and Pritchett，1999），财富效应的改善可以减缓农户的生计诉求与环境绩效之间的矛盾。

总之，社会资本对农户参与集体性生产行为、生产效率和环保行为等方面均具有广泛的影响。集体林开发林业碳汇项目，涉及林地流转、农户集体参与等行为，同时亦属于环境保护项目，那么，社会资本因素在农户参与林业碳汇项目的行为过程中发挥了什么样的作用？这为积极促进我国集体林开发林业碳汇项目提供了新的研究视角。

1.1.4　问题的提出

林业碳汇作为以经济手段解决环境问题的工具，其基本目标是减缓森林退化、增加森林面积，利用森林碳汇机制增加森林碳汇储量。林业环境项目的设计要与减贫相结合，兼顾实现生态环境保护和农村减贫增收的双重目标，促使生态补偿的生态目标和减贫目标产生相互协同的正向效应（吴乐等，2019）。农户作为林业碳汇项目的参与者，其行为意识和行为方式是影响林业碳汇项目环境绩效目标实现的关键因素（Leander Raes et al.，2016）。社会资本与农户的环境保护态度与行为紧密相连，对农户多领域的生产行为及意愿都有重要影响（宋言奇，2010）。以社会资本建设促进林农积极参与林业碳汇项目，以林业碳汇项目实施提升林农的生计水平，探索林业碳汇项目达成环境绩效目标与减贫绩效目标的双赢，对于我国生态环境的改善和林区农户减贫增收具有重要的现实意义。

因此，本研究探索乡村社会资本因素对林农参与林业碳汇项目行为的影响和参与林业碳汇项目对林农生计的影响，具体包括以下四个方面的问题：

（1）社会资本对林农参与林业碳汇项目行为的影响

集体林开发林业碳汇项目需要具备哪些条件？社会资本对农户参与集体林林业碳汇项目的影响机制是什么样的？乡村社会资本是一个宽泛的概念，其中哪些社会资本变量会影响农户是否参与林业碳汇项目？

（2）社会资本对集体林林业碳汇项目权益分配方式的影响

参与林业碳汇项目权益分配是农户从林业碳汇项目获益的基础，林业碳汇项目权益的基本构成是什么？农户可获得的权益类型包括哪些？社会资本在农户参与项目权益分配过程中的作用是什么？社会资本与农户最终获得的项目权益种类有哪些相关关系？

（3）参与林业碳汇项目对林农生计资本和生计策略的影响

参与林业碳汇项目开发的农户与非参与组农户相比，生计资本是否有显著差异？参与林业碳汇项目开发的农户和非参与组农户的生计类型是否具有显著差异？农户生计资本与生计策略之间具有什么联系？

（4）参与林业碳汇项目对林农生计结果的影响

农户的生计结果包括客观收入和主观福祉两个部分，参与林业碳汇项目是否增加了农户收入？参与林业碳汇项目是否提高了农户的主观福祉？

1.2 研究目的和意义

1.2.1 研究目的

林农作为集体林地的经营者，林农的行为决策直接影响其林地是否参与林业碳汇项目经营，是影响林业碳汇项目开发的关键因素。林地作为林农赖以生存的自然资源之一，将其开发为林业碳汇项目，林地经营方式的转变必然会影响农户生计。鉴于乡村社会资本对农户生产行为具有的广泛影响，本研究拟利用统计检验、计量回归和结构方程模型等方法分析样本数据，揭示社会资本、林农参与林业碳汇项目和林农生计之间的定量关系，为林业碳汇推广政策优化提供数据支撑。本研究的具体研究目标分解如下：

（1）从村域和个体农户层面了解乡村社会资本情况，揭示社会资本对林农参与林业碳汇项目行为决策的影响机理。

（2）了解林农参与林业碳汇项目权益分配方式的差异，揭示社会资本对林农获取林业碳汇项目权益内容的影响。

（3）判断参与林业碳汇项目是否导致了农户生计资本的变化，揭示农户生计资本与农户生计策略之间的联系。

（4）判断参与林业碳汇项目是否导致了农户收入水平的变化，揭示参与林业碳汇项目对农户主观福祉的影响。

1.2.2 研究意义

（1）理论意义

国外关于生态环境付费项目的研究，除了包含对项目机制的研究外，很多研究已经涉及项目对农户生计的影响。而国内关于林业碳汇项目的研究主要集中在碳泄露、抵减额度等项目技术问题方面，仅有小部分关于林业碳汇项目推广的研究，且以理论阐述为主，鲜少看到基于微观数据的定量研究，关于林业碳汇项目实施对农户生计影响的研究更是少见。本研究以微观农户数据为支撑，构建社会资本、林农参与林业碳汇项目行为和农户生计之间的联系，揭示社会资本对林农参与林业碳汇项目的影响、林业碳汇项目实施对农户生计的影响，具有一定的理论意义。

（2）实践意义

森林对于全球生态系统的重要性不言而喻，林业碳汇已经成为国际社会和中国应对气候变化的重要手段，如何更好地推动和促进林业碳汇发展，是国内林业发展必须要考虑和解决的问题。我国超过80%的林地为集体林，充分发掘集体林的碳汇潜力，对中国林业碳汇的发展具有重要意义。另外，国内生态脆弱区与贫困区重叠度高，这些林区农户的生计问题也是必须考虑的问题。集体林开发林业碳汇项目是对林地传统经营方式的转变，这种转变会对农户生计产生什么样的影响？本研究以微观农户数据为基础，探索社会资本、林农参与林业碳汇行为和农户生计之间的联系，可以为我国政府在集体林区推广林业碳汇项目和提高农户生计水平政策的制定，提供相应的数据支撑。

1.3 研究内容和技术路线

1.3.1 研究内容

本研究主要包括以下四个部分的内容：

第一部分，梳理国内林业碳汇项目开发的基本情况，分析林农参与林业碳汇项目的特征。本部分在梳理国内外主要林业碳汇项目类型的基础上，选取国内最具代表性的CCER林业碳汇项目作为研究对象，从时间和空间两个层面分析国内林业碳汇项目的发展特征；在分析林业碳汇项目参与主体构成的基础上，分析林农在林业碳汇项目中发挥的作用及林农对碳汇项目权益的获得情况。

第二部分，分析社会资本对林农参与林业碳汇项目行为决策的影响。构建集体林开发林业碳汇项目的行为决策模型，从村域和农户两个层面理论分析社会资本因素对林农参与林业碳汇项目行为决策的影响机理，构建村域层面和农户层面社会资本的测量指标，构建结构方程模型对理论分析进行验证。

第三部分，分析社会资本对集体林林业碳汇项目权益分配方式的影响。构建林业碳汇项目业主与林农关于项目权益分配的议价模型，分析社会资本对林农议价地位对称性和议价能力的影响机理，建立计量经济学模型进行验证。

第四部分，分析参与林业碳汇项目对林农生计的影响。借鉴英国国际发展署（The United Kingdom Department for International Development，DFID）的可持续生计分析框架，从生计基础和生计结果两个方面研究参与林业碳汇项目对林区农户生计的影响。农户生计基础主要包括生计资本和生计策略两个部分，其中生计资本包括自然资本、人力资本、金融资本、物质资本和社会资本。林业碳汇项目的实施会影响参与农户的生计资本，进而导致其生计策略的变化，最终导致生计结果的改变。参与林业碳汇项目对农户生计结果的影响包括农户收入和主观福祉两个部分。具体的研究内容包括：构建农户生计资本测量指标，分析参与组和非参与组农户生计资本的差异；确定农户生计策略，分析参与组和非参与组农户生计策略的差别，分析生计资本与生计策略之间的相关性。设置农户收入和主观福祉统计指标，以农户是否参与林业碳汇项目和参与方式作为标准对样本数据进行分层，建立计量模型，分析参与林业碳汇项目对农户收入和主观福祉的影响。

1.3.2 技术路线

围绕研究目标和研究内容，本研究在广泛分析国内外相关文献的基础上，结合国内林业碳汇项目发展现状与特征的分析，以调研数据为支撑，运用统计分析、结构方程和计量经济学模型等研究方法，采用理论研究与实证研究相结合的方式，探索社会资本因素对林农参与林业碳汇项目行为的影响以及参与林业碳汇项目对农户生计的影响。本研究的技术路线如图 1-1 所示，具体按照以下步骤开展研究工作：

首先，广泛分析国内外相关研究文献，以资源基础理论、农户行为理论和讨价还价理论为基础，构建社会资本对林农参与林业碳汇项目行为和权益分配影响的理论框架，以农户可持续生计理论为基础，确定参与林业碳汇项目对农

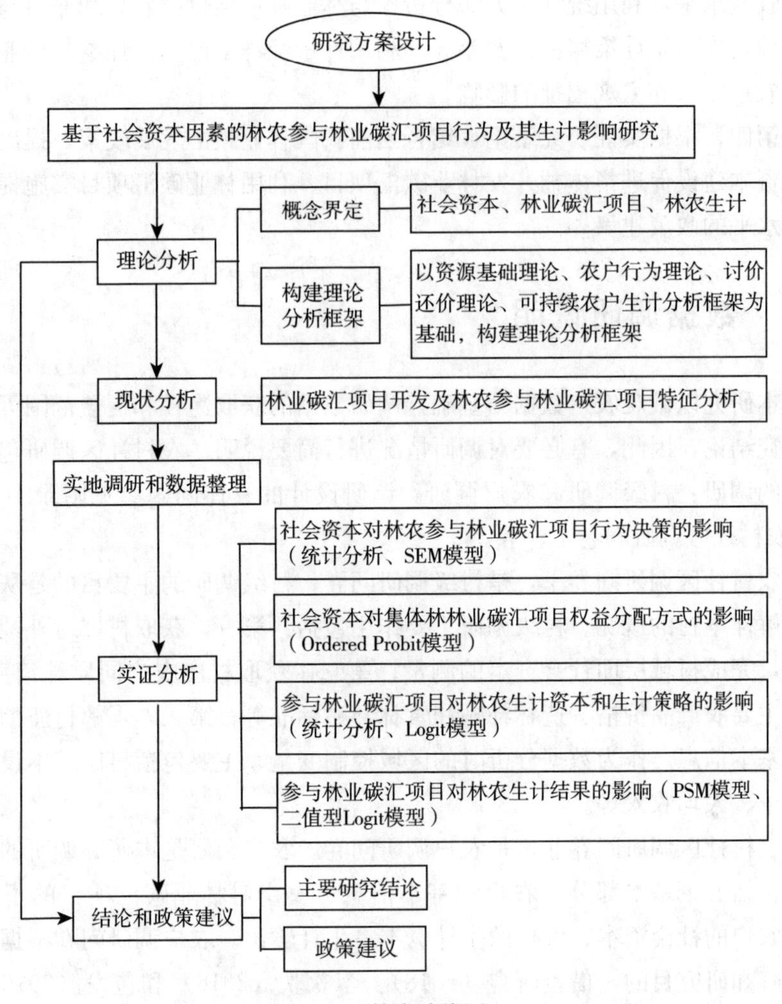

图1-1 技术路线图

户生计影响的理论机制。

第二，梳理国际、国内主要林业碳汇项目开发形式，重点考察国内林业碳汇项目的具体形式与开发特征，以此为基础选择国内具有代表性的林业碳汇项目作为样本项目，确定调研范围，设计调研问卷，选取样本村庄和农户进行实地调查，全面了解林区农户的社会资本、林业碳汇项目开发及农户生计等基本情况。

第三，利用调研数据开展实证研究。具体包括四个方面的实证研究：构建社会资本与农户参与林业碳汇项目行为决策变量之间的结构方程模型，估计二者之间的耦合关系；利用计量模型，建立农户社会资本与林业碳汇项目权益分配方式之间的回归联系，估计前者对后者的影响；核算农户生计资本、收入途径及收入水平，利用统计学方法分析参与林业碳汇项目的农户和非参与组农户的生计资本与生计策略特征及差异；利用计量经济学模型估计参与林业碳汇项目对农户收入和主观福祉的影响。

第四，根据实证研究结论，结合当前我国林业碳汇发展政策，提出以乡村社会资本建设促进集体林开发林业碳汇项目、利用林业碳汇项目实施提升农户生计水平的政策建议。

1.4 数据调研说明

本研究以微观农户数据为基础，调研数据的获取途径和覆盖范围可能会影响研究结论，因此，有必要对调研情况进行简要说明。农村社区调研包括两个层面的调研：村级调研和农户调研。调研设计的具体问题参见附录B和附录C：农村社区调研问卷Ⅰ、Ⅱ。

农村社区调研问卷Ⅰ，是村级调研问卷。村级调研的主要目的是从整体层面了解样本村的概况。村级调研主要作用包括：第一，获取村域对外社会网络数据，完成村域层面社会资本的测量；第二，获取村庄农户同质性信息数据，包括主要农产品价格、造林补贴和营林补贴标准等；第三，了解村庄的整体背景和基本信息，作为数据分析时的区域控制变量，主要包括村庄基本设施、林权改革、人均收入等。

农村社区调研问卷Ⅱ，是农户调研问卷。农户调研是本研究调研的主要部分，包括五个基本部分：农户的基本信息、农户对林业碳汇项目的了解和认知、农户的社会资本、农户的生计资本、生计输出。农户调研问卷根据具体研究内容和研究目的，借鉴唐睿（2018）、李欢欢（2016）和包发（2015）的农户问卷设计完成农村社区调研问卷Ⅱ初稿。本研究首先利用调研问卷在河北省张家口市做了一次预调研，然后根据预调研结果对问卷初稿进行修订，形成了最终问卷。农户问卷设计的原则是全面性和效率性，即调研问卷在确保研究所需数据完整、准确的基础上，尽可能减少问卷内容，确保一份问卷调查在半小时内完成。因为，实际调研经验表明一份农户问卷的实际完成时间在半小时左右是可以被接受的。

课题组设计统一的问卷调研方案，于2018年1月至12月期间开展调研活动。课题组所有的问卷信息均通过调查员与被调查对象当面访谈的形式获取（表1-1）。调查员主要由高校教师组成，包括5名高校在校生。每名调查员在调研之前均接受了比较详细的访谈培训，旨在提高访谈活动规范性和获取数

表1-1 样本分布与调研情况

项目权益分配方式	调研区域		调研项目	调研时间	调研村庄数		调研样本数	有效样本量
	省	市/县			参与	未参与		
方式一	湖北	洪湖市、石首市	湖北昌兴碳汇造林项目	2018年7月	6	7	260	231
	湖南	资兴市、浏阳市	湖南省资兴市碳汇造林项目	2018年10月	6	6	240	207
方式三	湖北	崇阳县、通城县	湖北省崇阳县碳汇造林项目	2018年7月	7	6	260	235
	青海	西宁市	青海省碳汇造林项目	2018年12月	6	6	280	251
方式四	河北	沽源县、尚义县	河北省张家口市碳汇造林项目	2018年1月、5月	7	7	280	255
	湖北	通山县、阳新县	湖北省通山县碳汇造林项目	2018年8月	7	7	240	219
				合计	39	39	1 560	1 398
							有效率	0.896 2

注：项目权益分配方式根据农户在碳汇项目中获取的权益类型为标准划分，具体划分标准见本书第3章。

据的准确性。针对农村社区的调研，调研小组首先与村干部座谈，收集农村社区调研问卷Ⅰ的数据，然后再选取农户，与农户开展一对一访问，收集农村社区调研问卷Ⅱ的数据。对于村庄农户的选取，采取分组抽样和随机抽样相结合的方法。

根据林农在林业碳汇项目中获得的权益类型，CCER 林业碳汇项目权益分配方式被划分为四种，分别为方式一、方式二、方式三、方式四（具体的分类标准见本书第 3 章）。调研样本的选取步骤具体如下：首先，根据林业碳汇项目权益分配方式，对集体林开发的林业碳汇项目进行分组；然后，从每组中选出 2 个项目，再从每个项目中随机抽取 3 个乡镇，每个乡镇选 2～3 个村庄作为调研村庄，每个村庄选取 20 个农户进行访问。以上调研村庄的农户均为参与林业碳汇项目开发的农户，其数据为观察组数据。最后，以上述乡镇所在县级市 2017 年度“人均 GDP”和“上年新增造林面积”（或“林地面积”）两类指标差异不超过 10%为标准，在同一地级市内选取类似的县级市，选取同样拥有林地资源，但没有开发林业碳汇项目的乡镇村庄进行调研，以此最大限度地保障参与林业碳汇项目的农户和非参与组农户具有可比性。需要说明的是，采用第二种权益分配方式的只有两个林业碳汇项目，仅占集体林碳汇项目的 4%，受课题组研究经费所限，在不影响数据分析结果的情况下，数据调研未覆盖第二种权益分配方式。具体的调研区域如表 1－1 所示。

对农户的访谈采取一对一面谈方式进行，问卷的访问均在当地村镇干部的帮助下进行。访谈的对象主要是户主，户主不在现场的情况下调研对象选为户主配偶或其 18 岁以上的成年子女。本次项目调研共发放农村社区调研问卷Ⅱ1 560 份，回收和整理有效问卷 1 398 份，问卷有效率为 89.62%。有效样本中，参与林业碳汇项目的农户样本共 678 个，约占有效样本量的 48.50%。

1.5 可能的创新之处

本研究基于已开发林业碳汇项目的微观农户数据为支撑，探索社会资本因素对林农参与林业碳汇项目行为的影响和参与林业碳汇项目对农户生计的影响，研究内容和研究成果具有一定的创新性，具体体现在以下方面：

（1）以资源基础理论和农户行为理论为基础，构建了集体林开发林业碳汇项目的行为决策模型，验证了村域层面的村庄对外联系和农户层面的人际信任、制度信任和组织支持对集体林开发林业碳汇项目行为的影响。

（2）梳理了农户在 CCER 林业碳汇项目中获得权益的情况，并以此为据对集体林碳汇项目权益分配方式进行分类；利用讨价还价理论分析了社会资本对农户获得林业碳汇项目权益类型的影响机理，验证了村域层面的村庄对外联系和农户层面人际信任、政策信任、组织工具性支持对项目权益分配方式的影响。

（3）以DFID可持续生计分析框架为基础，分析了参与林业碳汇项目对农户生计资本和生计策略的影响；以林业碳汇项目权益分配方式为样本分层标准，分析了参与林业碳汇项目对农户生计结果的影响。

第2章　国内外研究综述与理论基础

2.1　概念界定

2.1.1　社会资本

社会资本的概念最早于1980年被法国社会学家布迪厄提出，社会资本被定义为一种通过对“体制化关系网络”的占有而获取的、实际的或潜在的资源的集合体，是物质资本和人力资本之后的第三大资本（布迪厄，2012）。Putnam（1995）进一步深化和拓展了社会资本概念的内涵，社会资本被定义为社会组织特征，由信任、规范和网络三个维度组成，这些组织特征可以借由促进合作的行动来改善社会的效率。此后，社会资本的概念进入主流研究领域，涉及经济学、管理学、社会学、政治学等领域。学者们从不同的学科与研究范畴出发，形成了日渐扩大的社会资本内涵。当前，社会资本的内涵本质可以被主要概括为社会关系网络、社会信任、社会参与和社会规则等（陈静、田甜，2019）。

在我国，农村与城市在社会结构、制度安排和社会文化等方面都存在明显的二元差异。相较于一般意义上的城市社会资本，我国农村社会资本具有独有的特征。中国乡村社会是建立在差序格局上的“熟人社会”，具有相对同质性、封闭性和稳定性特征（费孝通，2012）。中国乡村居民较少，生活区域稳定，乡民间的生产与生活方式相似，这些会帮助乡村居民形成相近的生活观念和稳定的关系网络，也易于产生社会信任和非正式规范。中国乡村社会资本存量相对丰富（胡志平、庄海伟，2019），陶艳梅（2007）结合我国农村实际情况，认为应该多角度地看待农村社会资本。从人际关系来看，农村社会资本主要指农村村民可通过投资或动员来获取社会稀缺资源的关系；从社会结构来看，农村社会资本主要指农村中结构化的关系网络资源；从外部环境来看，农村社会资本的主体是模式化的、具备结构功能的家庭、组织或社区等，它们蕴涵于农村不同的社会结构中，并在特定结构化的关系网络内发挥着作用。

本研究对于林区农户社会资本的分析与测量，以陶艳梅（2007）界定的农村社会资本概念为基准，在 Putnam（1995）提出的信任、规范和网络三个维度的基础上进行适当拓展，开展实证测量。

2.1.2 林业碳汇项目

森林碳汇与林业碳汇是一对既有联系又有区别的词汇。

森林在生长过程中，通过光合作用把大气中的二氧化碳和水合成有机物，以有机质的形式将大气中的二氧化碳固定在树木和森林土壤中，形成“森林碳库”。森林减少大气二氧化碳的这一能力和结果被称为森林碳汇（袁嘉祖、范晓明，1997；姜霞，2016）。森林碳汇是林木自然生长过程中的物理特性之一，是一种森林生态服务。林业碳汇是指通过造林和再造林、森林管理、减少毁林等活动，清除大气中的二氧化碳并与碳汇交易结合的过程、活动和机制（李怒云，2007）。林业碳汇既包括森林吸收二氧化碳的自然属性，又包括社会经济属性，是以市场为手段，利用各类林业活动增加森林碳汇、减少森林碳源的活动和机制。

借鉴前人对林业碳汇的定义，并结合国内外碳市场对于林业碳汇认定的规范与要求，本研究中的林业碳汇项目是指符合相关方法学规范和要求的、经相关组织或部门认定的、以增加林业碳汇为目的的造林和再造林、森林管理、减少毁林等林业活动，且其产生的林业碳汇可在碳市场进行交易。

2.1.3 林农生计

在我国，农户是指拥有农业户口，从事农业劳动生产的人家。农户是以家庭方式生活的同个屋檐下的一组人（通常是家人），他们同吃同住，同享劳动力和收入等资源（段伟，2016）。

生计的概念在对农户生计和可持续生计的研究中不断深化。Scoones（1998）认为生计由生活所需要的能力、资产以及行动组成，其中资产包括物质资源和社会资源。Ellis（2000）认为农村生计是多样化的，农户或个人的资产、行动和这些权利的获取受到社会制度和关系的调节，而这一切是个人和农户获得收入的基础。Chambers 和 Conway（1992）提出生计是谋生的方式，该谋生方式建立在能力、资产和活动基础之上。潘晓坤和罗蓉（2018）提出，生计是指为了寻求生存而采取的生活方式或生活能力，强调关注人们的收入水平，也强调资产和个人选择之间的内在联系。总之，生计一词的内涵非常丰富，它可以完整地表述农户的生存状态，可以更好地帮助人们了解贫困农民的生存条件。

借鉴前人对于生计的概念界定，本研究中的林农生计是指生活在林区，从事森林培育、管护和保护等林业工作的农户的生活方式和生活能力。

2.2 国内外研究综述

2.2.1 关于林农参与林业碳汇项目的研究

林地所有者或经营者是决定是否从事林业碳汇供给的决策者，林地所有者或经营者从事林业碳汇供给的意愿是林业碳汇供给的决定性因素之一，因此，国内外均将林地所有者或经营者的林业碳汇供给意愿作为研究重点。Hnas 和 Sydney（1998）认为林农参与社会林业项目的决策前提是：林农相信通过参与林业项目，他们可以获得比投入的时间、精力和资源等更多的回报。美国非工业私有林地所有者的受教育程度、关于气候变化的态度等都是影响其参与林业碳汇供给的重要因素（Miller et al.，2012；Thompson and Hansen，2012)。林农作为我国主要林业经营主体，其参与林业碳汇项目的意愿受多维度因素影响。黄宰胜（2017）以计划行为理论为基础，利用温州市农户调研数据，验证了林农对林业碳汇项目减排优势认知、造林年限和碳汇造林补贴正向影响林农参与林业碳汇项目的意愿，林农的年龄及对林业碳汇概念的理解负向影响其参与意愿。对国内部分林业碳汇项目实施地林农的实证研究显示，包括个人特征、家庭特征、生产特征、对环保意识的认知、对林业碳汇概念的认知、参与林业碳汇项目的经历、国家给予的碳汇造林补贴、政府组织的碳汇造林技术培训、是否承接过碳汇造林项目等多维指标都被验证在具体的林业碳汇项目内影响林农的参与意愿（贾进等，2012；宁可等 2014；王昭琪、苏建兰，2014；袁立嘉等，2016；陈瑶、张晓梅，2018)。不同富裕程度的农户对于林业碳汇供给的响应程度不同，是否参与过林业生产培训显著影响贫困户参与林业碳汇供给的意愿；生产培训、林地面积和林业收入等多种变量均显著影响非贫困户的林业碳汇供给意愿（黄巧龙等，2019)。林农的风险偏好也会影响其林业碳汇供给意愿，风险厌恶型农户的林业碳汇供给意愿显著高于风向偏好型农户；林地规模越大，农户的林业碳汇供给意愿越高；碳汇供给补贴水平正向促进农户的林业碳汇供给意愿（朱臻等，2016)。韩雅清等（2017）对福建贫困山区林农的实证研究表明：林农的社会关系网络、人际信任、制度信任和社会规范等社会资本变量对林农参与碳汇经营的意愿具有显著影响。

另外，政府推动是我国林业碳汇供给的重要特征（龚荣发、曾维忠，2018)，因此，国内部分学者提出通过改进林业碳汇供给政策促进林业碳汇供给增加。例如：将林业碳汇项目的申报主体放宽至个体，简化项目签批手续等有利于促进林业碳汇供给的增加（石柳等，2017）；地方政府对林业经营者给予确实有效的帮扶政策有利于提高林业碳汇供给的稳定性（苏蕾等，2020）。中国 CCER 林业碳汇项目开发在资金、技术、制度和模式等方面存在障碍，应该从推广项目技术应用、拓宽融资渠道、完善项目碳汇保障机制等方面进行改进，以促进我国 CCER 林业碳汇供给的增加（曹文磊、程宝栋，2017；张蓉等，2017）。张弛等（2016）提出通过发展林业合作社组织，确立农户在林业碳汇项目开发中的主体地位等措施促进林业碳汇供给。

2.2.2　乡村社会资本测量研究

（1）多维度测量

由于社会资本内涵的广泛性和复杂性，研究者很难直接观察和测量社会资本，通常的做法是选取替代指标测量特定的社会资本变量。不同区域间的社会资本结构与内容差异较大，不同学者在研究不同区域的乡村社区时，对乡村社会资本测量的维度往往是根据研究对象、研究目标而具体确定的，呈现出多元化的发展趋势。从对国内外相关文献的梳理结果来看，信任、规范和关系网络是社会资本的三个基本维度，当前学者对社会资本的测量最常见的就是从这三个维度选取替代指标进行测量（赵雪雁，2012）。Lestari 和 Sirajuddin（2018）从相互信任、规范和联系三个维度构建了南苏拉维希岛养殖户的社会资本测量体系。Firouzjaie（2007）对伊朗海里地区水稻农户的研究显示，当地农村社会资本中的机构信任、社会参与和正式关系网络内的信息交换被认为是影响农户是否接受农村发展计划最主要的社会资本因素。部分学者在对交易费用和农户的集体行动影响进行研究时，都选取了信任、规范和关系网络维度测量样本村庄的社会资本（Johansson - Stenman et al.，2009；韩雅清等，2017）。

基于嵌入性社会资本理论的社会资本结构、关系和认知三个维度近年来被逐渐用于实证研究。世界银行最早提出了嵌入性结构社会资本的系统测量工具 SCAT（Social Capital Assessment Tools），后续研究者对其进行改进，形成了 A-SCAT。A-SCAT 提出测量认知型社会资本应该包括与组织联系、集体行动、参与公共事务、社会支持、社会凝聚力、归属感、信任和互惠等维度（Grootaert and van Bastlaer，2002）。José（2014）认为农业部门内部的社会资本是复杂的多维度结构，从农村社会资本的结构、关系和认知三个维度创建了农村社会资本综合指数，用以评价农民拥有的社会资本水平的高低。国内亦有众多研究从结构、关系和认知三个维度测量农村社会资本（周玲强、周波，

2018；钱龙、钱文荣，2017）。

随着社会资本内涵的不断发展，更多的乡村社会资本测量维度不断出现。社会资本问卷应该从社会资本的决定、社会资本的后果和社会资本的测量三个方面综合设计，社会资本的测量应该从社团和网络、信任和团结两个维度进行（Grootaert and van Bastlaer，2002）。桂勇和黄荣贵（2008）通过对文献的梳理，提出农村社会资本的测量应该包括信任、社会凝聚力、社区归属感、参与社团、社会网络、社会支持、参与公共事务以及家庭社会资本等八个主要维度。Sabatini（2009）从强家庭关系、弱非正式关系、志愿组织、政治参与等四个维度测量了样本社区的社会成本。王恒彦等（2013）提出农户社会资本的测量可以被分为十二个维度，分别是资源网络、认同感、互惠、信任、冲突处理、关系满意度、预期功能性、关系延续性、网络密度、网络邻近性、网络同一性和农村社会资本。王明天等（2017）从家族资本、政府资本和邻里资本三个维度测量了我国林区样本村庄的社会资本。

（2）多层次测量

根据对社会资本测量范围的不同，可以分为个体层面的测量和集体（或社区）层面的测量（叶宝怡，2018）。个体社会资本的测量应主要集中于被测量者的个人社会关系网络状况（赵延东、罗家德，2005），而个人所拥有的资源和个体在工具性行动中所动用的社会资本可以反映个体对社会资本的拥有和使用情况（Lin Nan，1999）。个人社会关系网络的规模、成分、联络密度、个体在网络中的位置及网络中嵌入的其他社会资源都可以用作测度个人所拥有的社会资本的指标（边燕杰，2004）。个人使用的社会资本测量则可以从被测量者非正式网络途径的选择、社会网络中流动的资源以及关系人的特征等三个方面进行，但被测量者与关系人的紧密性需要多重指标来测量，不能仅仅通过“朋友”或“熟人”而简单判定为强关系或弱关系（Wegner，1991）。被测量者的社会地位可以通过考察关系人的职业声望或职业地位等指标来获取（赵雪雁，2012）。周毕芬等（2010）认为，相对于城市个体，差异的乡村资本结构使得农民个人社会资本的测量应该包括血缘、地缘和后天拓展的关系网络 3 个方面的内容。

在对集体社会资本的测量上，学者们选取的测量指标更为广泛。Putnam（1995）从政治和公共事务的参与两个方面测量美国的集体社会资本，并选取投票率、对政府的信任程度测量和参加社会组织的人数等指标来表示。Paxton（1999）认为“信任”应该被用于测量集体的社会资本，具体可通过考察对同事的信任、对制度的信任等指标实现。Narayan（2001）从参与社团、一般规范、和睦相处、日常社交、邻里联系、志愿主义、信任等方面测量了集体社会资本。在对中国农村社区社会资本的测量方面，国内学者大多以 Putnam（1995）界定的社会资本概念为依据，以信任、规范和网络三个维度为基础，结合中国农村的具体情况进行适当的维度拓展，例如共同愿景、社会支持、公共参与等拓展维度（裴志军，2006）。

2.2.3 社会资本对农户生产行为的影响研究

Granovetter（1985）将社会资本引入个体经济行为研究中，认为社会中的个体都是处于一定的社会关系网络中，且个体能够通过实施目的性的行动来改变自身所处的社会关系网络环境，所有个体都紧密地嵌入在社会网络中，经济利益和社会关系都会影响个体的经济行动。Granovetter（1992）认为经济行为以社会关系网络为条件，构建了目标—行为—经济制度三个层面的"嵌入性"理论分析框架，提出了经济行为的目标通常会伴随社会关系目标，社会中的经济行为被嵌入在不间断的私人关系网络中，经济制度亦是"被社会地构成"（吴义爽、汪玲，2010）。Zukin 和 Dimaggio（1990）将嵌入性理论进行了扩展，认为经济行为是嵌入在社会文化、认知、政治制度和社会结构的复杂情景中，行为主体的决策会受其所处的复杂社会情景影响。

社会资本对农户生产行为具有广泛而复杂的影响，其影响机理与影响结果取决于社会资本测量指标类型和农户行动类型，甚至同一维度的社会资本对于不同特征农户的同类型行为影响结果也是不同的。乡村社会资本中的政治、认知、文化和网络四个维度的"嵌入因素"均对农户转出和转入农地的行为决策具有显著影响，除网络异质性因素对农户的农地转出和转入是负向影响外，其余政治嵌入、认知嵌入、文化嵌入、关系强度、关系质量、网络密度和网络规模七个指标的影响都是正向的，对于乡村社会嵌入环境的改善可在短期内增加国内农户的农地流转行为（张桂颖、吕东辉，2017；叶宝怡，2018）。针对农村弱势群体的研究，包括无地农民、女性农民和贫困农民，从对社会资本认知角度衡量的社会凝聚力与女性、无地农民的较低收益相关，男性和自有土地农民的收益与感知到的社会凝聚力无关；同样是在社区参与程度较高的情况下，无地农民因干旱造成的损失要略高于其他群体（Amanda，2019）。同一村庄内的农户在知识、财政资源、培训甚至感情支持等方面的社会资本配置是有差异的，但并没有影响农户实现相同的生产目标或创新类型。因此，社会资本对于不同个体的作用机制可能是不同的（Gabriela Cofré-Bravo，2019）。Assoc（2008）提出农民组织（Farmers Organizations，FOs）内部的社会资本水平是影响尼日利亚地区农业和农村发展计划的重要因素，其中成员状态、年龄、子女年龄以及加入 FOs 的时间等指标贡献了大约 65%的社会参与水平变化。对莫桑比克布经济区的案例研究则显示同一组织内的社会资本及其利益在不同性别间的分配是不均匀的，女性领导职位的获得明显低于男性，与男性相比，女性很难将利用社会关系转变为改善获取信息、进入市场或在需要时提供帮助的途径（Elisabeth Gotschi et al.，2008）。

社会资本对农户参与集体行动的影响。农村社会资本与农户集体行动、收入之间存在着显著的相关关系。Shanshan Miao（2015）从社会网络、社会信任、社会互惠和社会参与四个维度分析了社会资本对农户参与地下水灌溉集体活动行为的影响，实证结果验证了更高水平的社会信任和社会参与导致更高的集体行动倾向，而社会互惠则降低了参与的可能性。农民小组和其他农业集体组织，甚至包括农民妻子组成的女性组织，都被认为是改善农民知识和关系网络的媒体。农民组织可以帮助农民销售农产品，农民妻子成立的女性团体或 KWT（Kelompok Wanita Tani）发起的农产品推广活动，有助于当地农产品的多样化。农民小组和 KWT 都提供了储蓄和贷款等活动，这意味着农民小组成员之间有了信任（Gayatri et al.，2018）。农民合作社领导人所具备的社会资本对于合作社的生产和经营绩效具有显著影响，通过增强组织内部信任、政府支持和改善商业网络可以有效增加合作社领导人的社会资本水平，进而提升农民合作社的生产经营效率（Bin Liu and Zhongbin Li，2018）。

社会资本对农户参与环境保护行动的影响。社会因素在农民参与环境保护行动决策时非常重要。对西班牙阿拉贡农业社区的调查研究显示，社会信任、和相邻农业社区共同遵守约定的期望、社会鼓励等因素都可以对农户积极参与农业环境计划产生积极的影响（Alló et al.，2015）。农民的社会认知与他们的水土保持技术、农林业灌溉等技术选择显著正相关；农民社会资本结构特征与采用新品种和保护耕作战略正相关，与作物多样化战略呈负相关；另外社会经济状况、制度和农业生态变量等因素都影响农民适应气候变化的行为决定（Thomas et al.，2018）。在提高农民参与环境保护行动的意愿方面，社会资本的边际效用随着维度而变化。机构信任是最大的驱动因素，其次是公民参与、人际信任和互惠网络规范。此外，更高的教育水平、剩余劳动力和废物设施可以提高农民重复使用农业废弃物、减少碳排放的意愿（He K et al.，2016）。通过促进农民与区域利益相关者建立更加紧密和相互欣赏的社会关系可以提高农民生产组织的长期生存能力，接受其他区域利益相关者对其农业环境工作的赞赏有助于农民成功建立过渡性社会资本，这种参与可能导致农民长期的亲环境行为改变（Michiel，2017）。

关于社会资本对林农参与林业碳汇供给的研究相对较少。韩雅清（2017）对福建省欠发达山区农户开展的实证研究验证了社会资本对林农参与碳汇经营意愿具有显著的促进作用，社会资本中的关系网络、人际信任、制度信任和社会规范四个变量对林农参与碳汇经营意愿的影响程度依次递减。

促进乡村社会资本发展的措施研究。基于社会资本构成的广泛性和复杂性，乡村社会资本的形成与发展受多种因素影响。政府针对干旱等农业生产障碍发布的各类预警信息、技术援助及财政和物质支持，可以大大提升农业生产过程中的抗灾能力，合理的区域公共政策和制度设计被认为可以促进农村社会资本的形成（Juan José Michelini，2013；Huang Chen et al.，2013）。公共政策可以为乡村社会提供一个本地的、社会嵌入的劳动力和资本市场，可以促进乡村互惠和非货币化交换行为的发生（Stig S Gezelius，2014）。以提升农业生产为目的建立农民培训学校，可以提升农民学员间的知识交流和支持网络，可以增强农户间的社会凝聚力，提升农民个人的社交技能，增强农民的信心以及在群体中更有效工作的能力（Soniia David and Christopher Asamoah，2011）。以协同发展为宗旨的农民集体行动计划作为社会网络运作，可以将参与者与技术培训、农业资源和农业社区中有影响力的个人联系起来，社会网络的发展可以促进当地农业经济的增长（Lisa S Hightower et al.，2013）。Zhang C 和 Zhang N（2009）认为合理构建农村生产性社会资本和分配型社会资本的唯一途径应该是在外部经验和内部改革的基础上建立农业合作社。对南非地区农户社会水平的研究则显示，拥有高水平社会资本的农户更加倾向于彼此信任和相处，而不是积极参与社区中有组织的集体活动，更高水平的社会资本与受访者的年龄、经验和教育水平较高有关（Henry Jordaan and Bennie Grové，2013）。

2.2.4 关于农户生计的研究

（1）关于农户生计的理论研究

20世纪80年代末，世界环境与发展委员会首次提出“可持续生计”，将农村经济发展和自然资源可持续利用联系起来，为研究者提供了新的研究视角。20世纪80年代以后，国内外学者和相关组织对农户的生计与可持续生计进行了大量的研究，逐渐形成了四个比较有代表性的生计分析框架：

Chambers 和 Conway（1992）提出的可持续生计分析框架。生计被认为是建立在能力、资本和活动之上的谋生方式。能力被看作人能够生存和做事的功能，包括营养、健康和选择的权利，具体表现为在特定环境下个人处理胁迫和冲击的能力、发现和利用机会的能力等。一个家庭的生计可以被分解为人、活动、资本和产出。资本包括有形资本和无形资本两部分。有形资本泛指储存的各类有价值的实物东西，包括食物、现金、土地等。无形资本主要指获取收入、资源、储存、信息等的实际机会。人们会基于这些有形资本和无形资本构建和设计出一种生计手段。当收入超过消费时，会出现资本累积，进而发生投资行为，投资可以促进家庭生计能力的进一步提升（Swift，1989）。该生计分析框架强调农户与自然环境、社会环境之间的协调、可持续发展。

Scoones（1998）农村生计分析框架。生计资本和生计策略是农户生计可持续发展的基础。农户的生计资本泛指一切农户拥有的生计资源，被分为自然资本、金融资本、人力资本和社会资本。各种资本之间在一定程度上可以相互转化、替代，甚至结合，农户对于某项资本的拥有水平也可以影响其对其他类型生计资本的可获性。对农户生计策略的考察主要停留在农业生产活动的范围和多样性方面。政治、农业生态、经济和社会文化等生活背景是影响农户生计资本、生计策略和生计结果实现形式的重要因素。该分析框架重视农户对外界压力和冲击的应付能力，强调农户生计的可持续性。

DFID（1999）可持续生计分析框架。英国国际发展署（Department For International Development，DFID）提出的可持续生计分析框架，是目前影响力最大、使用最为广泛的农户生计分析框架（崔晓明，2016）。该框架的主要逻辑为：农户的生计资本组合是其选择机会、采取生计策略和应对所处环境的基础；生计结果是生计策略（或生计目标）的实现或结果；农户所处的社会、经济和政治等背景对其生计输出具有重要影响。自然资本、金融资本、物资资本、人力资本和社会资本是农户生计资本构成的五个维度。收入增加、生活改善、生计脆弱性减弱、自然资源可以更加持续的利用等都可能成为农户期望的生计后果。

Bebbington（1999）框架。农户的生计资本对其生计能力具有重要影响。该分析框架认为农户资本可以为农户有成果、有意义地参与和改变世界提供能力，农户资本和农户生计成了分析农户生计脆弱性和贫困的核心。此框架特别强调社会资本对农户获得其他资源的作用，认为政策、制度运作过程决定了农民对生计资本的拥有与使用状况以及对生计策略的选择问题（黎洁、李树茁，2017）。除了依据农户拥有的林地、耕地或就业机会等明显的生计资本外，决策者更应该强调社会资本中的积极方面，减轻制约和消极因素，通过改善农户的社会资本鼓励其采取合适的生计策略。

关于农户生计分析框架的其他发展。一些组织和学者在对农户生计的研究过程中，对上述可持续生计框架进行了适当的改进以适应其研究中的特殊要求。Ellis（2000）提出了生计多样性分析框架，将生计多样性定义为农户为了生存或改善生活而构建的多样化的活动组合和社会支持能力的过程。多样化的生计策略是农户为了应对外界存在的各类事前和事后风险。Dorward 等（2001）将农户的生计资产分为生产和再生产两类，农户依赖生产性资源开展生产或收入活动，这些活动会为农户带来消费和再生产的资源。

上述可持续生计分析框架从不同视角揭示了贫困的概念范畴及成因，有助于研究者更加全面地考量农户生计构成中各类要素之间的联系。虽然各个分析框架的切入视角不同，但都强调生计资源对于农户生计的重要性，认为向贫困农户赋权是解决生计问题的重要特征和目标（黎洁、李树茁，2017）。

（2）关于农户生计的实证研究

关于农户生计的实证研究已经成为国内外研究的热点问题，此类研究涉及失地农民、牧民、贫困山区农户等生计问题（蔡洁等，2017；黄志刚等，2018；朱建军等，2016；Yamazaki S，2018；Arezoo S，2012）。DFID 可持续生计分析框架被广泛用于农户生计问题的实证研究中，是使用最广泛的分析工具。近年来国内关于农户生计问题的实证研究主要集中在生计资本与生计策略关系、生计策略影响因素、生计脆弱性和生计风险几个方面。表 2－1 列出了近年部分农户生计实证研究代表成果。

在涉及农户资本的研究中，多数研究者根据 DFID 可持续生计分析框架提出的生计资本类型构建生计资本测量指标体系（刘俊等，2019），但受研究对象和案例区域特征差异的约束，学者们在具体生计指标的选取上又各有所异。另有部分研究突破 DFID 的生计资本类型限制，在自然资本、人力资本、物质资本、金融资本和社会资本的基础上，根据研究项目进一步拓展了农户生计资本的测量维度，增加了生态资本、心理资本、民族文化资本等测量维度（袁东波等，2019；孔令英等，2019）。另外，不同研究中对于农户生计策略的测量指标差异也比较巨大（苏宝财等，2019；李星光等，2019；郭健斌等，2019），究其原因是不同地区的社会文化、生活传统差别导致的农户生计行为差异巨大，很难采用统一的指标进行度量。

利用计量模型进行验证分析是农户生计资本实证研究中常用的研究方法和研究手段，如表 2－1 所示，Logit、Probit 均是此类研究中常见的回归模型，且以二元选择和多元选择模型为主。但 Maddison（2007）认为农户的行为决策是由多个阶段的感知和决策构成的，且农户感知的阶段和决策阶段有先后顺序且相互依赖，上述的二元或多元选择型 Logit 和 Probit 模型并不能解决这一问题，从而导致实证结果可能失真。段伟（2016）采用 Heckman Probit 选择模型对农户生计资本及生计策略之间关系的研究成功避免了类似问题的干扰。

表 2－1　农户生计实证研究代表

研究方向	作者	案例区域	研究方法
生计资本与生计策略关系	袁东波等（2019）	江西、河南、安徽、四川、云南	运用多项 Logit 模型实证分析了自然资本、人力资本、物质资本、金融资本、社会资本、生态资本和心理资本 7 大生计资本分化特征及其对农户生计策略影响规律
	孔令英等（2019）	新疆疏勒县	构建多元无序 Logistic 模型探讨了自然资本、人力资本、物质资本、金融资本、社会资本和民族文化资本 6 类生计资本对生计策略选择的影响
	何仁伟等（2019）	四川省凉山彝族自治州	构建回归模型，估算了人力资本对农户生计策略的影响
	刘俊，等（2019）	四川省海螺沟景区	基于可持续生计框架构建了适用的生计资本评估指标体系，识别了景区农户可持续的生计方式，运用多元 Logit 模型验证了影响脆弱性农户生计策略选择的主要因素
生计策略的影响	李星光等（2019）	陕西、山东	构建计量模型实证检验新一轮农地确权改革对农户生计策略选择的影响机制
	张焱等（2019）	云南边境山区	采用比较分析法、计量统计法和贫困测度方法，深入剖析云南边境山区农户生计策略选择过程，以及由此产生的一系列生计后果
	张鹏瑶等（2019）	甘肃、四川、贵州等贫困地区	采用 Probit 模型对精准脱贫户生计可持续的影响因素进行分析
	郭健斌等（2019）	西藏日喀则市南木林县	采用问卷调查、半结构访谈、数理统计等方法，分析农户的生计策略与土地利用状况
生计脆弱性与生计风险	苏宝财等（2019）	福建茶产区	以 DFID 模型为理论基础，引入茶农风险感知，构建茶农可持续生计分析框架，运用计量模型分析生计资本、风险感知与生计策略转型之间的关系

（续）

研究方向	作者	案例区域	研究方法
生计脆弱性与生计风险	何秋洁等（2019）	四川省贫困地区	基于可持续生计框架，利用四川省贫困县的调查数据，从户主、家庭、区域三个角度构建农户生计脆弱性影响因素评价体系
	李远阳等（2019）	新疆奇台县	基于实地调查数据，分析牧户面临的主要生计风险及其与生计资本之间的关系，并采用二元 Logistic 模型分析影响牧户生计风险的因素

2.2.5　林业环境项目对林农生计的影响研究

（1）林区农户的贫困问题

包括我国在内，世界上很多地区都存在生态脆弱区域与贫困区域在地理上的高度一致性，林业资源丰富地区的贫困问题引起了学术界的关注。非洲的刚果等贫困国家拥有非常丰富的自然资源（包括森林资源，尤其是热带雨林），针对非洲国家丰富森林资源与贫困经济关系的研究显示，这些国家的森林资源面临着人口增长和经济发展的巨大压力（Jeffrey Sayer，2000；Tiba and Frikha，2018）。Wise（2016）对印尼国有林区内和靠近国有林区贫困人口的研究发现，近20%的人口生计收入来自森林，且林区的贫困一般是长期的贫困。据统计，我国森林面积共计1.75亿公顷，森林覆盖率超过30%的县（县级市）共计637个，其中包括国家级贫困县191个，有6 700万人口生活在森林资源丰富的国家级贫困县。林区的贫困问题已经成为影响林业生产和林区社会和谐发展的重要影响因素（冯菁，2007）。实际上，一个国家或区域内所具备的森林资源的丰盈程度已经被证实与当地的经济发展水平之间呈现出负相关关系（邓含珠，2010）。

各类市场化的林业环境项目不仅仅是以经济手段解决环境问题的工具，同时要通过林业碳汇项目的实施使林农获得可用于发展的资源，实现减缓林农贫困的作用。Somvang Phimmavong 和 Rodney J Keenan（2019）在对林业扶贫模型的研究中提出，贫困是导致林业生产和环境问题的根源，任何不考虑农户贫困和公平性因素的林业环境措施，均不能长期有效的运行。刘红梅（2005）和 Wunder（2005）也表达了相同的看法。巴西、哥斯达黎加、墨西哥、厄瓜多尔和南非等国家在环境付费项目（Payment for Ecology Eervice，PES）的设计机制中，均将缓解贫困作为了 PES 项目的重要组成部分（吴乐等，2019）。

（2）林业环境项目的减贫效应研究

已经实施的各类林业环境付费项目，包括林业碳汇项目，对农户生计产生了不同的影响。以哥斯达黎加的森林环境付费项目为代表的早期森林 PES 项目虽然取得了一系列的生态补偿成绩，但这些森林 PES 项目对于当地农户，尤其是小农户所带来的财富效应是有限的（Daniels et al.，2010；Muradian et al.，2010）。Diswandi（2017）对印度尼西亚龙目岛基于科斯产权理论和庇古理论的复合式森林 PES 项目的扶贫效应研究证实，混合型 PES 系统在短期内无助于减轻贫困，但在长期内有助于减轻贫困。Damien 等（2014）对越南森林支付和森林梯田两类生态系统服务项目的对比研究中发现，两类项目均具有减贫效应，但后者将灌溉梯田作为土地转为森林的补偿，增加了最贫困农民的参与，与森林支付项目相比，森林梯田计划更加偏向于该地区最小的土地所有者，有助于实现增加森林面积和减少农户不平等的双赢。Ben 和 Palmer（2012）针对莫桑比克 N'hambita 社区的一个“REDD＋”碳汇项目和中国的坡地转化计划（SLCP）（国家级再造林计划）的研究，通过分析劳动力供应情况，认为它们促进了当地农林业、重新造林以及农户的其他生计。但 Cyrus Samii 等（2014）对中国和莫桑比克森林碳汇项目的研究表明，PES 项目或计划对于农户福利结果的影响是非常有限的。对于森林环境支付项目的减贫作用而言，需要更多的贫困家庭加入项目经营。但对贫困家庭而言，参与 PES 计划通常比较富裕的家庭更为困难。张莹、黄颖利（2019）利用大兴安岭碳汇造林项目的相关数据研究林业碳汇造林项目的减贫效应，认为森林碳汇项目通过促进社会就业和拉动区域经济，有助于减缓区域贫困，且社会就业情况对减贫的影响要高于经济状况贡献度。陈冲影（2010）通过对我国第一个 CDM 林业碳汇项目运营流程的定性研究，认为林业碳汇项目可以帮助贫困农户从租赁土地、销售木材、销售 CERs、参与造林活动和参与林地管理五个方面获取直接收益，这些直接收益可以间接促进当地基础设施和教育投入的发展。但农户会失去或部分失去对林地及林木的所有权。

（3）国内林业碳汇项目的减贫效应研究

国内关于林业碳汇项目对林农生计影响的研究相对较少，相关研究仍处于起步阶段。刘冶（2017）在定性分析的基础上提出发展林业碳汇项目可能是促进西藏贫困地区实现绿色可持续发展的重要途径。张译等（2019）以四川省的诺华川西南林业碳汇、社区和生物多样性项目为案例，认为项目通过推动森林碳汇项目开发利益相关者由参与主体向扶贫主体转变，充分发挥社区农户的主体作用，有效推动了扶贫导向下的环境绩效和减贫绩效双重目标的实现。张莹（2019）验证了大兴安岭图强林业局碳汇造林项目（CCER林业碳汇项目）直接增加了当地林业总产值、人均GDP和人均年收入，同时间接增加了社会就业机会，提高了农户的人均收入，但由于林业碳汇项目方法学限制了农户对项目林地的自由利用，项目并没有对减缓贫困起到积极作用。

关于林业环境项目的减贫效应研究，虽然取得了一些进展和成果，但相对于衡量森林状况，评估森林环境服务支付计划对于贫困的影响的努力是有限的，在方法上也是薄弱的（Cyrus Samii et al.，2014）。

2.2.6　文献研究评述

如何促进集体林从事林业碳汇供给问题是近年来的研究热点，学者们关于林业碳汇供给的研究主要集中于林业碳汇供给政策和林农意愿两个方面，其中部分关于林业碳汇供给政策的研究仍然落脚于对林农参与林业碳汇供给的激励问题上（石柳等，2017；张弛等，2016）。林农的决策在林业碳汇的发展中起着非常重要的作用，因此受到普遍关注。由于我国林业碳汇发展仍然处于起步阶段，林业碳汇项目相对较少，学者们关于林农是否参与林业碳汇供给的决策问题研究几乎全部停留在意愿层面，缺乏基于已开发林业碳汇项目的农户参与行为实证研究。中国是一个典型的关系型社会（Tsang，1998），尤其在“差序格局”特征明显的农村地区，乡村社会资本对农户参与集体生产行动、环境保护等行为决策具有广泛而复杂的影响。学者们关于社会资本对农户生产行为决策的影响研究涉及农业灌溉管理、生态补偿意愿和环保投资决策等领域，但鲜少提及乡村社会资本对农户参与林业碳汇供给的影响，仅韩雅清（2017）就社会资本对林农参与碳汇经营的意愿进行了研究。意愿不等于行为，对文献的梳理尚未见到关于社会资本对林农参与林业碳汇供给行为的影响研究。因此，以参与已开发林业碳汇项目的林农作为研究样本，从微观层面分析乡村社会资本对林农参与林业碳汇项目行为的影响显得十分必要。

林业碳汇项目作为一种利用经济手段应对气候变化的工具，其设计目标应该包括两个方面：环境绩效和减贫绩效。我国林业资源丰富的重点生态功能区与贫困区域高度重合（周侃、王传胜，2016），这些贫困地区的农户生计严重依赖于当地森林资源（FAO，2018）。多地区的林业碳汇项目被政策导向为精准扶贫工具，用以提升林区贫困农户的生计水平。从微观层面分析林业碳汇项目实施对参与农户的生计影响显得十分必要，但目前国内关于林业碳汇项目财富效应的考察，多数停留在定性分析和宏观视角上，尚未见到关于林业碳汇项目实施对农户生计影响的定量研究。

国内外学者的大量研究构成了本研究的基础，亦为本研究提供了切入视角。基于上述情况，本研究基于已开发林业碳汇项目的农户样本，从微观层面分析乡村社会资本对林农参与林业碳汇项目行为的影响以及参与林业碳汇项目对林农生计的影响，探索以乡村社会资本建设促进林业碳汇供给增加、以林业碳汇项目实施提升林农生计的路径。

2.3 理论基础

2.3.1 资源基础论与资源获取

(1) 资源基础理论（Resource-Based Theory）

竞争优势理论（迈克尔·波特，2018）提出企业应该依靠自身在成本、差异化和专业化等方面具备的优势实施相应的产品市场战略。Wernerfelt (1984) 在波特竞争优势理论的基础上，探讨了企业所拥有资源对企业实施产品市场战略可能产生的影响机制，从企业内部出发，提出了“资源→战略→绩效”的逻辑框架，这成为资源基础理论的雏形。企业所拥有的资源是导致企业绩效差异的重要原因之一，企业拥有资源的不可模仿性和企业为防止资源被模仿所采取的“隔绝机制”，有助于提高企业资源的独占性（Rumelt，1984）。已控制资源是企业的战略性要素，可以成为企业经济租金的来源（Barney，1986），Dierickx 和 Cool（1989）进一步提出能够为企业带来经济租金资源必须具备两个特点：不能被模仿和不能被替代，该类资源一般不能通过市场买入，往往是企业通过长期积累获得。资源基础理论以资源为核心概念，认为企业或组织已拥有的资源是其战略实施的基础，资源的范畴包括企业拥有或控制的全部资产、组织、特质、信息和能力等要素（暴雯，2018）。资源是企业组织行为和绩效的重要影响因素，特殊资源的获取与管理成为资源基础理论关注的重点。

(2) 社会资本与资源获取

随着人们对资源认识的深入，社会资本对行为主体获取资源的影响逐渐成为学者关注的热点。社会联系网络作为社会资本的重要组成维度，其中具有的各种友好关系可以为企业获取所需资源带来积极的影响（Adler and Kwon，2002）。主体所拥有的社会资本对其资源获取产生的重要影响逐渐被证实，不同类型的社会资本有助于新企业获取不同类型的创业资源（秦剑等，2013），企业的社会网络强度越大、结构洞越多，其创新机会识别能力越强，创新资源获取越多（王飞绒等，2019）。社会资本对于资源获取的帮助在部分农业生产领域也得到验证。农业合作社的结构性和认知性社会资本直接正向影响合作社的成长，资产型资源获取和知识型资源获取在社会资本与合作社成长之间具有中介作用，结构性社会资本、认知性社会资本对合作社的知识性资源获取具有全部正向影响（李旭、李雪，2019）。根据社会资本的作用，网络社会资本可以被分为桥梁型网络社会资本和紧密型网络社会资本，二者对农场主获取同行资源和顾客资源的能力具有积极影响，其中对同行资源的促进效果更为强烈，积累网络社会资本被认为是农场主利用互联网跨越地理障碍，打破信息闭塞，获取关键资源并提升农场经营状况的有效方式。（张扬、陈卫平，2019）。

2.3.2　农户行为理论

Kahneman 和 Tversky（1979）在有限理性的基础上通过修正最大主观期望效用，认为个体行为决策除了受盈利或亏损预期的影响外，还受到个体对于风险预期的影响。个体对于风险预期的差异是普遍存在的，但对于亏损预期的敏感度要普遍高于盈利预期。因此，当存在利润与风险预期时，多数行为个体是厌恶风险的，他们不愿意采取有风险的行动去进一步争取利润的最大化，但会选择冒险行动去规避损失。当经济个体面对亏损预期时，多数个体会选择承担风险去规避损失。

前景理论建立了一个关于个体行为决策的描述性决策模型（图 2－1）。该模型将个体的决策过程分为两个过程，分别为编辑阶段和评价阶段（黄成，2006；李睿，2014）。编辑阶段主要指个体决策者面对需要决策的事件进行信息收集和整理的过程。在编辑阶段，经济个体成长过程中积累形成的自身因素及相关的环境因素会帮助其形成对事件的初步认识，行为个体据此进一步收集相关信息，并对收集到的信息进行编码、结合、分离和抵消等一系列加工处理，形成关于决策的分析框架。评估阶段主要指个体决策者针对编辑阶段形成的信息内容与决策框架，对需要决策的行动前景进行估算，并依据一定的标准选择最优行动方案。

前景理论认为，个体决策者在评价阶段会采用价值函数和权重函数共同度量行动方案的总体价值。在决策者的主观感受价值函数内，决策者的主观因素和外在环境因素都会影响其主观感受价值。在事件权重函数内，决策者往往高估小概率事件的结果权重；而当中大概率事件发生时，相较于损失发生情况下通过风险追求挽回收益，决策者更加明显地倾向于在收益状态下规避损失（庄晋财等，2018)。决策者依赖价值函数和权重函数对决策方案进行估值后，会以某个参考点为标准对行动方案价值进行评价。价值感受与决策者主观拟定的参照点高度相关，根据行动方案与参考点的对比关系，评价结果分为对收益的正向评价和损失的负向评价两个方面。个体行为决策过程中不同的信息编码和信息整合方式会形成不同的事件分析框架，决策个体普遍存在的直觉偏差和框架依赖偏差最终导致不同的经济个体对同一问题的最终决策不一致（卡尼曼等，2008)。

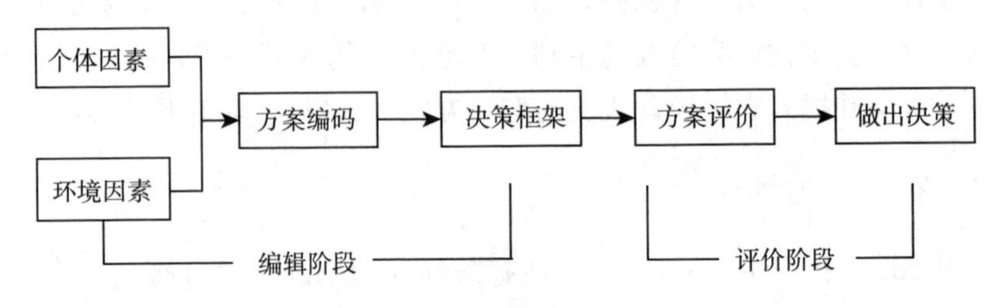

图 2-1　前景理论决策模型

前景理论认为经济个体在行为决策过程中会遵循以下五个基本原理。第一是参照依赖原理，人们在判断收益或亏损过程中，会根据某个参照点来判断自己的得失，进而做出行为决策。第二是损失效应原理，相对于获取收益，人们对于发生损失更加敏感，在决策过程中会更加关注损失及其规避问题。第三是效应的确定性原理，在面对不同收益方案时，人们的行为决策更加倾向于具有确定性收益的方案。第四是孤立性原理，人们在对各个方案的前景分析和评价过程中，往往会忽略与之前前景相同的部分。第五是反射性原理，经过与参考点比较，人们面临正前景时，一般选择风险规避，面临负前景时，多数会选择风险偏好，即面对确定的损失，决策者更愿意冒险“赌一把”，将负收益转变为正收益，即使这种转变发生的概率非常小（孙唯微，2013)。另外，价值函数曲线以决策者的主观参照点为中心向两端延伸，方案的前景价值离参照点越远，决策者对价值变化的敏感度越低。

2.3.3　讨价还价理论

讨价还价是博弈论的一个分支。讨价还价也称为议价或谈判，主要是指参与人（也称为局中人）双方通过协商方式解决利益的分配或风险分担问题。按照理论分析框架的不同，讨价还价理论可以分为合作博弈的讨价还价理论和非合作博弈的讨价还价理论，后者也称策略性的讨价还价理论。按照信息结构的不同，可分为完全信息讨价还价理论和非完全信息讨价还价理论。托马斯·谢林于1956年首次界定了广义讨价还价的概念范畴，除了明确协商之外的所有活动，包括国家谈判活动、商业交易谈判甚至两辆卡车在一条不宽敞的公路上相遇时都存在着“讨价还价”（托马斯·谢林，2018）。Nash（1950，1951）利用讨价还价博弈情景提出了双边讨价还价模型。在随后的几十年中，讨价还价模型不断丰富、完善，逐渐形成了一个完整的分析框架，并广泛地应用于贸易、投资、商务谈判和农产品或农业项目交易谈判中（Raiffa，1953；Harsanyi，1956；Rubinstein，1982；Rubinstein，1985；Muthoo，1999）。

多种行为主体的讨价还价能力会在相应领域产生影响，而行为主体的讨价还价能力也受多种因素的影响。供应链上、下游企业间的竞合关系会影响企业在供应链中的地位与议价能力，进而影响企业的绩效。技术授权过程中双方的讨价还价能力可以正向影响单位产出费用和单位收益费用授权方式下的消费者剩余和社会福利；供应链上游企业在拥有较强的讨价还价能力的情况下，更容易引发双重加价问题，由此产生的负面效应可能会大于技术扩散的正面效应，导致消费者剩余和社会福利受损（田晓丽，2012）。集中度和资金占用对企业的议价能力具有显著影响，且与绩效之间存在明显的负相关关系（张春平，2016）。

讨价还价能力包括两个方面的因素：第一是谈判者的个体素质和技能导致的能力；第二是谈判双方的经济地位因素构成的对比能力。经济地位因素对集体讨价还价能力的影响是广泛的，包括企业的竞争地位、产品需求弹性、劳动力密集程度、可替代的劳动力资源及谈判发生的社会环境因素（Leap and Grigsby，1986）。郑可（2008）提出可替代资源的可得性、信息资源和讨价还价参与者对协议成果的依赖等三个方面的因素是影响讨价还价能力变化的关键。Yan和Gray（1994）对中美合资企业合作伙伴间绩效、管理控制和讨价还价能力关系的实证研究证实，社会资本中的信任是讨价还价能力的重要调节变量之一。

农产品交易活动和农业项目收益分配过程中均涉及农户与其他利益主体的谈判问题，讨价还价理论被广泛运用于农户行为及农产品市场研究中。

（1）农户的议价能力正向影响农户收益

农户的议价能力是指农户能够以更好的条件出售农产品的协商能力，农户的议价能力对于其在农产品交易或农业项目利益分配中具有重要影响（Gebert，2010）。加入农合组织可以有效提高单个农户在农产品议价过程中的话语权，进而帮助农户获得更高的收入（Miyata，2009）。与某些农业企业合作，可以帮助农户在其他农产品交易中提升议价能力，有利于提高其在相应领域收入的稳定性（MInten，2009）。对果蔬类种植农户样本的分析证实农户的议价能力与农产品出售价格之间呈正相关关系（朱宁、马骥，2015）。对中国农村交易和农户样本的实证研究进一步显示，农户的议价能力弱于农产品收购商的议价能力，农产品最终的成交价格将低于信息对称条件下的基准价格，并且低于基准价格 7.00%（袁航、刘梦璐，2016）。对中国粮食主产区的实证研究证实信息不对称条件下的讨价还价能力对农地流转的最终成交价格具有重要影响，转出户具有更强的议价能力，使得最终成交价格高于基准价格（王倩等，2018）。

（2）农户议价能力受多种因素影响

为了和交易对象商讨价格而形成的农户合作可以增强农户的议价能力，并且使农户拥有更强的定价权，而农业生产的专业化及其横向化发展也可以正向协助农户提高其议价能力（Babb，1969）。Barret 和 Mutambat-sere（2008）认为，独立个体农户和大公司之间不再通过农民协会进行联合谈判，而是更多直接进行双边交易，这一现象使得小农户的议价能力更加薄弱。交易契约关系的紧密程度和交易方式会影响农户的议价能力。Boger 等（2001）利用多元分组回归分析发现，在非常松散的契约关系或者根本没有契约关系的条件下进行交易，农户的议价能力是非常薄弱的。异质性是农户议价能力的基本特征，信息不对称是影响农户议价能力的关键，农户的某些自身特征会影响农户获取信息的能力，进而影响农户的议价能力；农户的年龄对农户最终收益的影响呈现出倒 U 形曲线关系（刘博、刘天军，2014）。张晓敏等（2012）将农产品交易过程中的关系质量设定为影响农户议价能力的转换因素之一，并在实证研究部分得到验证。

2.3.4 农户生计可持续发展理论

在众多生计分析框架中，英国国际发展署（DFID）的可持续生计分析框架使用最为广泛，最具影响力，许多国际组织和非政府机构都将其作为对发展中国家进行经济自主和干预性指导的发展规划工具（黎洁等，2017）。DFID 的可持续生计分析框架认为，农户通常拥有多类型的生计资本，在生活实践中，农户会通过对各类生计资本的组合开展不同的生产活动，以达到某种生计策略，但社会因素、外在趋势和冲击等因素会对各类生计资本的可及性、可获取性和可利用性产生影响和制约。DFID 的可持续发展战略注重生计资本、生计策略、生计结果和环境之间的联系和相互作用。生计资本是可持续发展的基础，生计资本与环境协调发展，受生计结果的影响，各要素之间是一个相互作用的过程（孙前路，2018）。

DFID 生计分析框架中的农户生计资本包括 5 个部分：自然资本、金融资本、物质资本、人力资本和社会资本。其中自然资本是指农户拥有的自然资源储备及环境服务，既包括可再生资源，也包括不可再生资源，例如土地、水和生物资源等，它们能够为农户生计带来有利的资源流和服务；物质资本是指通过人类劳动所创造出来的资本，主要包括房屋、灌溉系统、生产工具和机器等；金融资本通常指用于购买消费品和生产资料的现金以及可以获得的组织贷款或个人借款；人力资本指个人所拥有的用于谋生的知识、技能以及劳动能力和健康状况；社会资本是指人们为了追求预估目标所利用的社会资源，包括社会关系和社会组织等社会联系，根据联系的方式差异，社会联系可以被分为垂直和水平两种类型。

生计策略是指人们为了适应环境而采取的各类谋生手段，各类谋生手段的差异本质上是对不同类型生计资本利用和转化的区别，并由此输出生计结果。这些生计结果可以为农户带来一系列好的影响：降低脆弱性、增加收入、提升生活水平和食品安全等级等，实现自然资源的可持续发展。

DFID 可持续生计分析框架构建了农户生计的核心要素以及要素间的相互联系（图 2-2）。农户生活在一定的制度、政策和生态等因素构成的风险性环境中，农户拥有自然、人力、物质、金融和社会资本等不同类型的生计资本。在环境因素的影响下，农户依据所拥有的生计资本选择生计策略以适应环境，从而导致某种生计结果；农户收入、福利及对环境适应性等方面的输出结果反作用于生计资本，进而导致生计资本数量、结构的变化。DFID 可持续生计分

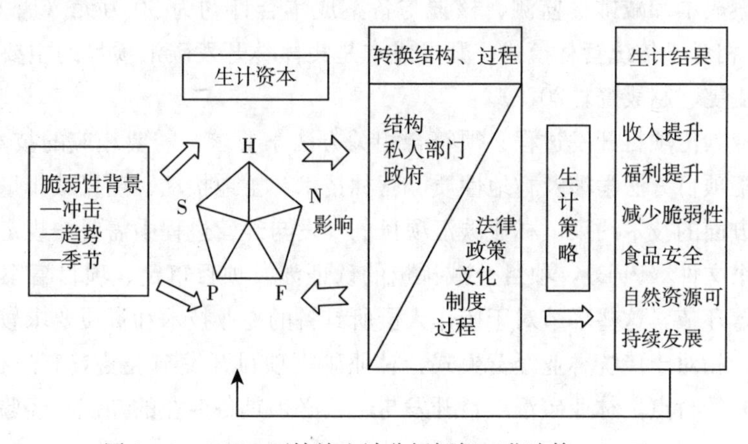

图 2-2　DFID 可持续生计分析框架（黎洁等，2017）

析框架为本研究提供了林业碳汇项目开发对林农生计的影响分析路径。参与林业碳汇项目开发与经营，会影响农户的生计资本构成，进而引发林农生计策略和生计结果的变化。这为进一步探索利用林业碳汇项目改善林农生计的策略和方案提供了理论依据。

2.4 理论分析框架

2.4.1 林农参与林业碳汇项目的行为逻辑

（1）集体林开发林业碳汇项目的资源基础

根据资源基础理论，具备相关资源是林业碳汇项目开发的基础。林业碳汇项目开发需要三类资源：土地、资金和技术资源。

并非所有的集体林地均可开发为林业碳汇项目，林业碳汇项目开发需要符合方法学要求的土地资源。林业碳汇项目方法学要求项目林地权属清晰，且符合方法学要求的技术规范。以CCER碳汇造林项目方法学为例，对于项目土地合格性的要求包括项目土地至少是2005年2月16日以来的无林地。

相对于传统林业经营模式，林业碳汇项目开发与经营需要更多的资金支持。林业碳汇项目的成本构成主要包括项目设计成本、造林成本和营林成本、项目审定和备案成本、碳汇量监测成本、减排量核证与备案成本、减排量上市交易成本等。林业碳汇项目计入期一般为20～30年，少数项目计入期达到60年。林业碳汇项目每5年签发项目减排量1次，每个项目签发周期内的总成本为35万～65万元，其中初期项目造林成本约为10万～20万元。以CCER林业碳汇造林项目“顺义区碳汇造林一期项目”为例，项目设计成本、审定成本、备案成本和减排量监测、核证与备案成本合计约为30万元（唐才富等，2017）。相对于传统营林模式，开发成本是集体林开发碳汇项目的主要障碍之一（马雯雯、赵晟骜，2020）。

林业碳汇项目开发过程必须符合相关方法学要求，需要相应的技术资源。林业碳汇项目方法学涉及林地性质、营林技术、土地扰动、项目减排量核算原则等多方面的技术约束。林业碳汇项目的开发与经营过程中需要按规定制作项目设计书文件（PPD），项目及减排量的认证涉及项目审定、项目备案和减排量备案等环节，这些环节对于操作人员所具备的专业技术和资质要求较高。总而言之，相对于传统林业经营模式，林业碳汇项目开发与经营具有过程复杂，专业性高的特点。林业碳汇项目开发与经营必须具备专业的知识、经验和技术资质。

(2) 林农参与林业碳汇项目的行为逻辑

随着我国集体林权改革的逐步完成，集体林地确权到户，林农是集体林地的经营决策者，是集体林林业碳汇项目土地资源的提供者。林业碳汇项目是一个新鲜的事物，受学历背景、生产经验等因素限制，林农普遍不具备林业碳汇项目开发与经营的技术资源。另外，我国 80%的国家级贫困县和 95%的绝对贫困人口生活在生态环境极度脆弱的老少边穷地区（环境保护部，2008），我国生态脆弱区与贫困区域在地理上存在高度一致性，林农或村庄社区通常没有能力负担林业碳汇项目的开发与运营成本。因此，林业碳汇项目开发与经营所需要的资金和技术资源输入情况是制约集体林开发林业碳汇项目的关键，是林农能否参与林业碳汇项目的先决条件。

林农参与林业碳汇项目行为的发生是一个严密完整的逻辑过程：村庄获得开发林业碳汇项目的资金和技术支持，这是集体林开发林业碳汇项目的关键约束性条件；在资金和技术资源条件满足的前提下，林农在了解林业碳汇及具体项目信息的基础上，考虑是否愿意将所拥有的符合条件的土地资源用于林业碳汇项目开发；积极的参与意愿促成林农参与林业碳汇项目行动的发生。

2.4.2　林业碳汇项目参与主体和权益分配

集体林林业碳汇项目参与主体主要包括以下三类：项目业主，项目开发资金提供方；项目开发单位，项目开发技术资源提供方；林地所有权人（林农），项目开发土地资源提供者。三类参与主体之间可能存在重叠。

根据林业碳汇项目的经营模式，林业碳汇项目的收益主要来自三个方面：

第一，林木等物质产出产生的收益；

第二，项目核证减排量产生的收益；

第三，利用林下土地开展林下经济活动产生的收益。

因此，应该从项目林地经营权、林木所有权归属、项目减排量所有权归属三个方面考察项目权益在林业碳汇项目主体间的分配问题。另外，林地和林木作为林农生计资产的重要组成部分（FAO，2018），项目林地经营权、林木所有权归属、项目减排量所有权归属的分配，会直接影响林农的生计资本构成。

林业碳汇项目运营以市场框架为基础，本质是利用项目的商业运作实现森林碳汇的增加。根据理性的经济人假设，在关于项目权益分配过程中，林业碳汇项目参与主体，包括项目业主、项目开发单位和林农，均会尽最大努力争取自身利益最大化，即尽可能多地获取上述项目权益。林农最终获得的项目权益内容主要受林农议价能力和自主选择倾向的影响。

（1）林农议价能力

根据博弈论中的讨价还价理论，林业碳汇项目权益在上述三类项目参与主体之间的分配结果是主体间讨价还价的结果，受各方讨价还价能力的影响。在其他条件不变的前提下，某方获得的利益多少与其讨价还价能力呈正相关。因此，林农获得的项目权益内容丰富程度与其相对于其他主体的讨价还价能力呈正相关。相对于林业碳汇项目业主和项目开发单位，林农的讨价还价能力主要体现在以下两个方面：

第一，地位的对称性。根据讨价还价理论，地位的对称性是谈判主体固有讨价还价能力的表现之一。谈判双方在规模、品牌等市场地位方面的对比是双方地位对称性的具体表现（王佳音，2019），双方地位对等，则其地位是对称的，否则称其地位是非对称的。林农谈判地位的对称性内嵌于农业生产经营过程中，可以通过林农的组织化程度、信息共享和人际信任程度等方面考察林农集体相对于其他主体的地位对称性，林农间的集体组织程度越高，林农与其他主体间的谈判地位越趋于对称。

第二，信息获取能力。根据 Leap 和 Grigsby（1986）的议价能力影响因素构成理论，谈判方掌握的信息作为议价能力的转化因素，可以转化为谈判者的固有议价能力。谈判过程中，双方掌握的信息内容、信息结构都是实际讨价还价能力的体现，会对谈判过程和谈判结果产生重要影响（刘博、刘天军 2014；朱宁、马冀，2015；吴笑晗、孟巍，2019）。因此，可以通过考察林农掌握的相关信息情况反映农户的议价能力。林农掌握的相关信息越多，其议价能力越强。

（2）林农自主选择倾向

林农参与林业碳汇项目的本质是将林地资源用以林业碳汇项目经营。从理论上讲，林农可以主张当期现金补偿，也可以主张利用项目林地经营权、林木归属权和项目减排量收益权获得项目经营过程中的远期收益。相对于现金补偿，项目林地经营权、林木归属权和项目减排量收益权实质上是一种不确定的远期收益。在林农议价能力既定的前提下，林农获得的项目权益内容是林农在当期现金补偿和不确定的远期收益之间的选择结果。

2.4.3 林农生计的理论分析框架

（1）林农的生计资本构成与生计策略选择

根据 DFID 可持续生计分析框架，林农的生计资本包括自然资本、人力资本、物质资本、金融资本和社会资本五个方面。自然资本是指能从中形成有利于生计的资源流和服务的自然资源的储存及环境服务，主要包括人们能够利用和用来维持生计的土地、水和生物等资源。土地资源禀赋被认为是反映农户自然资本的最重要指标（蔡志海，2010；黎洁等，2017）。人力资本指个人所拥有的用于谋生的知识、技能以及劳动能力和健康状况。人力资本及其配置是构建农户可持续生计的核心资本，是推进农户生计转型的关键要素，是影响农户生计策略选择的决定性因素（涂丽，2018）。物质资本是指通过人类劳动所创造出来的资本，一般指生产资料，不包括消费品。考虑到农户所拥有的住房、汽车等耐用消费品可以通过抵押转化为货币资本，因此物质资本的衡量通常包括房屋、灌溉系统、生产工具和机器等。金融资本通常指用于购买消费品和生产资料的现金以及可以获得的组织贷款或个人借款。金融资本是农户所拥有并能够利用的全部金钱储备，其来源主要包括三个途径：家庭生产性收入、以不同方式获得的贷款或借款、政府补贴。社会资本是指人们为了追求目标所利用的社会资源，包括社会关系和社会组织等社会联系，其作用在于增强人们之间的信任和合作，降低交易成本，通过协调行动来提高效率。

生计策略是人们对生计资本利用的配置和经营活动的选择，包括生产活动、投资策略和再生产选择等（DFID，2000）。根据DFID可持续生计分析框架，生计资本是林农实施生计策略，开展生计活动的基础。在集体林权制度改革的现实背景下，为了改善生计状况，林区农户会依据所拥有的生计资本状况，结合外部政策和经济环境，充分利用自身生计资本来选择不同的生计策略（黎洁等，2010）。林农生计活动普遍具有多样性，主要包括耕种、营林、养殖等务农活动、务工活动、自营工商活动等。林农依据个人或家庭所拥有的生计资本和外界环境动态选择和调整生计活动，在此过程中，理性的农户会依据环境和生计资本约束选择最优生计策略，使其实现效用最大化（王娟等，2014）。

（2）林农的生计输出：收入和主观福祉

生计活动的开展可能会对农户的生计状况产生一系列影响，根据DFID可持续生计分析框架，这些影响可能涉及收入、福利、环境脆弱性和自然资源可持续发展等方面。通过实施生计活动对农户生计状况产生的影响即为生计输出。生计活动对微观层面农户个体生计的影响主要体现在两个方面：

第一，收入影响。生计活动对农户最主要的生计影响为收入影响，增加收入是农户生计改善的重要体现，它是一种客观影响。

第二，主观福祉影响。福祉是指在一定的文化和价值观规范环境下，个体对生活现状满意程度的全面表达，可以反映人们对财富、安全和环境等多方面需求的被满足程度（李鑫远等，2018）。集体林开发林业碳汇项目，除了可能对农户收入产生影响外，还会改变当地的生态环境状态。林农参与林业碳汇项目，是参与一种新的集体性生产活动，林业碳汇项目经营与开发过程中可能会引发农户间联系与信任等关系的变化。因此，关于参与林业碳汇项目对农户生计结果的影响，需要从多个方面考察对林农主观满意度的影响。

（3）林农生计资本、生计策略与生计输出之间的联系

DFID可持续生计分析框架揭示了生计资本、生计策略和生计结果之间的联系。生计资本是农户生计的核心要素，林农所具备的各类生计资本可以相互转化。在制度和政策等因素造成的风险性环境中，林农依据自身生计资本的性质和状况、生计目标，同时结合对风险环境的评估，选择生计策略，从而导致某种生计结果，生计结果又反作用于生计资本，影响生计资本的性质、数量和结构（图2-3）。

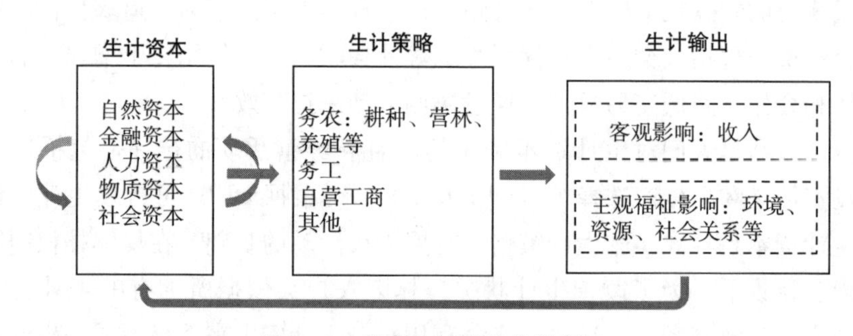

图2-3　林农生计理论分析框架

2.4.4　社会资本的测量维度

根据陶艳梅（2007）对农村社会资本内涵的界定，对农村社会资本内涵的理解应该包括三个方面：第一，农户间人际关系层面的社会关系；第二，农村中结构化的关系网络；第三，农村社会资本的主体包括家庭、组织或社区等，各类主体在特定的社会结构中分别发挥作用。信任、规范和关系网络是社会资本的三个基本维度（赵雪雁，2012）。

集体林开发林业碳汇项目是一项农户间的集体性生产行动，中间涉及多类型的社会资本主体，包括农户和村庄社区。村庄社区负责组织农户参与林业碳汇项目，在此过程中会涉及村干部与林农间的沟通、协调问题和农户间的合作生产等问题。在政府推广的背景下，林业碳汇开发过程中，村组织在一定程度上承担了基层政府组织代理人的角色，因此，村组织与农户间的关系对农户是否积极响应参与林业碳汇项目具有一定的影响。

根据集体林开发林业碳汇项目的特征，结合陶艳梅（2007）对农村社会资本内涵的界定，本研究对农户和村庄两类主体开展社会资本测量，测量的维度包括信任、关系网络和组织对农户的支持等维度，各类主体的具体测量维度及其作用见表 2-2。

表 2-2　社会资本测量维度

<table>
<tr><th>测量主体</th><th>测量维度</th><th>子维度</th><th>作用</th></tr>
<tr><td>村庄社区</td><td>关系网络</td><td>对外联系</td><td>考察村庄社区的对外联系网络资源</td></tr>
<tr><td rowspan="5">农户</td><td rowspan="2">信任</td><td>人际信任</td><td>考察村庄内部农户间的信任程度和农户对村干部的信任程度</td></tr>
<tr><td>制度信任</td><td>考察农户对国内林业碳汇政策的信任程度和对碳汇项目的信任程度</td></tr>
<tr><td rowspan="2">组织支持</td><td>工具性支持</td><td>考察农户对林业碳汇项目信息获取渠道的顺畅性</td></tr>
<tr><td>情感性支持</td><td>考察农户和村庄社区的情感联系</td></tr>
<tr><td>关系网络</td><td></td><td>考察农户个体拥有的对外联系网络资源</td></tr>
</table>

2.4.5　社会资本、林农参与林业碳汇项目与林农生计的关联系统构筑

（1）社会资本对林农参与林业碳汇项目影响的理论基础

林农参与林业碳汇项目的本质是将自己的林地用于林业碳汇项目开发，是林地从传统型营林模式向碳汇项目经营方式的转变。林农参与林业碳汇项目，需要考虑和选择林地受偿形式，并与其他项目主体就项目权益分配问题进行协商谈判。林农参与林业碳汇项目的行为和林农获取项目权益内容，都属于农户开展生计活动的范畴，是对农户生计策略的选择。社会资本是林农生计资本的组成部分之一。根据 DFID 可持续生计分析框架，农户拥有的生计资本是影响农户生计策略选择的主要因素，而生计策略的实施会引起某种生计结果。这构成了社会资本对林农参与林业碳汇项目行为和项目权益分配方式影响的理论基础。因此，社会资本通过对林农参与林业碳汇项目行为和项目权益分配方式的影响，会进一步影响农户的生计结果（图 2-4）。

（2）参与林业碳汇项目对林农生计影响的机理

林农参与林业碳汇项目的本质是将农户拥有的林地用于林业碳汇项目开发，因此，林农参与林业碳汇项目即意味着更多的集体林地开展林业碳汇项目。鉴于森林具有的多样化生态效用，碳汇林增加可以改变当地的生态环境。

林业碳汇项目计入期一般为20～30年，在项目计入期内禁止除抚育措施以外的任何林木砍伐行为。部分项目禁止移除林地上的枯木落叶，再加上对土地扰动比例的约束，实际上间接限制了林下土地的自由利用。因此，参与林业碳汇项目后，与传统营林方式相比，林农对碳汇林的物质产出利用会受到一定程度的影响。林地和林木是林农重要的自然资本构成，对林地和林木利用方式的变化可能会引发农户生计活动的调整，进而影响生计结果。

林农参与林业碳汇项目获得的权益分配，决定了农户利用林地获取收益的途径。林业碳汇项目的收益主要来自三个方面：第一是林木等物质产出产生的收益；第二是项目核证减排量产生的收益；第三是利用林下土地开展林下经济活动产生的收益。因此，林农关于林地经营权、林木所有权和项目减排量收益权的获取情况，决定了农户取得收入的途径。例如，林农放弃全部林业碳汇项目权益而选择一次性现金补偿，这就相当于林农将林地流转出去，林农会以其他的生计活动替代营林活动，生计活动的变化进而引发特定的生计结果。

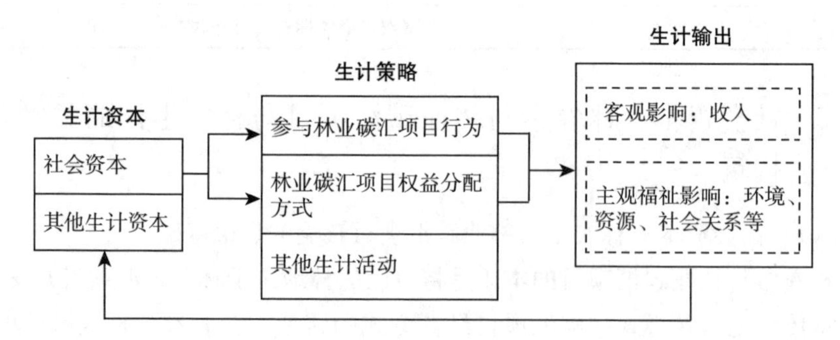

图2-4　社会资本、林农行为和林农生计的关联结构

第3章　林业碳汇项目开发及林农参与特征分析

随着国内外碳交易市场的发展，全球林业碳汇项目开发类型与开发数量也处于动态变化中。本章试图通过对国内外碳市场架构和林业碳汇项目发展的实践历程分析，厘清当前国内外林业碳汇市场出现的新特征和新趋势；通过对我国林业碳汇市场项目供给基本面的分析，揭示林农参与林业碳汇供给的基本特征。

3.1　国内外主要林业碳汇项目开发类型

3.1.1　国际碳市场框架下的林业碳汇项目类型

(1)《京都议定书》及其灵活履约机制

为了应对全球气候变暖，超过190多个国家于1992年签署了《联合国气候变化框架公约》（United Nations Framework Convention on Climate Change，UNFCCC)，这是全球首个以控制二氧化碳等温室气体排放为目标的国际公约。国际社会以UNFCCC为基本框架，以缔约方大会的形式就全球温室气体减排问题进行了一系列谈判。1997年12月，《联合国气候变化框架公约》第三次缔约方大会（COP3）在日本京都召开，通过了具有历史意义的《京都议定书》。截至2018年，共有161个国家先后签署了《京都议定书》(United Nations Secretariat，2018)，经各国核准后的《京都议定书》对于签署国具有法律约束力。《京都议定书》对附件一的发达国家[①]减排水平和时间安排做出了明确规定。《京都议定书》限制排放的温室气体包括二氧化碳、甲烷、氧化亚氮、氢氟碳化物、全氟化碳、以及六氟化硫，其中以二氧化碳为主。该条约规定：在2008年至2012年间（第一承诺期）内，《联合国气候变

① 签署《京都议定书》的国家被划分为附件一国家和附件二国家，附件一国家为发达国家，附件二国家为发展中国家。

化框架公约》附件一中的国家（均为发达国家）的温室气体减排量应该在1990年的水平上削减5.2%，因为各国发展水平和具体国情不同，发达国家间的减排义务又各有不同，例如，欧盟须减排8%，日本减排6%，俄罗斯的排放水平不能超过1990年的排放水平，而澳大利亚截至2012年的排放量可以增加8%。

为了降低发达国家的履约成本，《京都议定书》确立了三个灵活履约机制：

① 国际碳排放贸易机制（International Emission Trading，IET）：允许附件一国家及经济组织之间相互转让它们的部分容许的排放量，形成国际碳排放配额市场，通过国际碳排放配额交易降低发达国家的减排成本。

② 联合履行机制（Joint Implementation，JI）：允许附件一国家及经济组织之间转让“经认证的减排单位（Certified Emission Reduction，CERs）”用于抵消购买方的排放量，这些“减排单位”必须是产自附件一国家或经济组织内的投资项目。

③ 清洁发展机制（Clean Development Mechanism，CDM）：允许附件一国家及经济组织的投资者购买产自附件二国家（均为发展中国家）投资项目所形成的CERs用于抵减自身的排放量。

以上三个机制，为跨国碳交易提供了平台。IET机制形成了发达国家之间的碳排放配额市场，JI和CDM机制形成了发达国家之间、发达国家与发展中国家之间的CERs市场。其中，CDM是附件一国家（发达国家）和附件二国家（发展中国家）之间的一种双赢机制，既拓宽了发达国家降低减排成本的途径，同时也为产自发展中国家的CERs提供了交易平台。

（2）《京都议定书》框架下林业碳汇项目变化：从CDM-AR到REDD++

2001年，UNFCCC第七次缔约方大会（COP7）达成《马拉喀什协定》，造林和再造林项目被纳入CDM机制。2003年，COP9通过CDM机制下的造林和再造林（Afforestation and Reforestation under CDM，CDM-AR）模式和程序。至此，经联合国CDM执行理事会认定的，产自附件二国家（发展中国家）的造林和再造林项目产出的碳汇可以进入CDM机制交易，抵减附件一国家碳排放量。林业碳汇正式进入国际碳交易体系。

CDM的主旨是在降低发达国家减排成本的同时，促进发展中国家的可持续发展。但市场表现却严重偏离预期，CDM市场上低成本、高容量的能源类项目更受到投资方的青睐。截至2015年8月，经联合国CDM执行理事会（EB）注册的项目共有7 292项，其中能源类项目6 841项，数量占比达到93.82%；全球造林和再造林项目共计57项，仅占CDM项目总数的0.78%。

在中国，经国家发改委批准的CDM造林和再造林项目只有5个，这一数字从2013年之后就没有再增加过，CDM造林和再造林项目国内供给已经停滞。造成这种结果的原因可能是多方面的。CDM造林和再造林项目方法学对林业碳汇项目要求较高、规则复杂，还具有计量困难等问题，与能源类项目相比，造林和再造林项目缺乏经济上的可行性（姜霞，2015）。CDM造林和再造林项目的种植成本要高于常规林业项目，项目形成的CERs现金开始流动需要的时间较长，这些会为项目开展带来财务压力；Thomas等（2010）认为开展CDM造林和再造林项目所需要的知识、技能、土地产权、CDM开展程序和计量方法的复杂性以及不同利益方的利益冲突等形成了CDM造林和再造林项目开发的社会约束力。

据世界粮食与农业组织报告，1990—2005年全球森林的砍伐速度约为1 300万公顷，被砍伐的林木再燃烧或腐化后会向大气释放大量二氧化碳以及少量甲烷等温室气体。通过减少全球（特别是发展中国家）毁坏森林和森林退化以降低全球二氧化碳排放逐渐成为国际社会共识（FAO，2018）。2005年，UNFCCC第11次缔约方大会（COP11）提出关于森林砍伐减排的议题，得到大部分国家的支持，UNFCCC附属科技和技术咨询机构（SBSTA）启动关于减少发展中国家毁林和森林退化（REDD）的谈判。

REDD机制是一项为“减少因森林砍伐和退化而导致的温室气体排放”的国际金融激励机制（陈熹等，2017），旨在通过向机制范围内的发展中国家提供资金支持，以减少这些国家内的砍伐森林和森林退化等活动的发生，在促进发展中国家经济发展的同时保护其森林资源，同时减少全球碳排放。REDD机制的丰富和完善经历了一个漫长的谈判历程。COP19于2013年通过的《REDD＋华沙框架（Warsaw Framework for REDD-Plus）》首次确立了REDD框架，2015年的COP21通过的《巴黎协定》形成REDD＋＋机制。表3-1列出了UNFCCC关于REDD机制谈判的主要会议节点和取得的成果。

表3-1　REDD＋机制主要会议谈判进程

年份	会议（地点）	主要成果
2005	COP11（加拿大）	提出RED机制议题，呼吁减少热带发展中国家砍伐森林产生的碳排放，RED机制正式进入国际议题
2007	COP13（印尼）	形成REDD机制。承认森林砍伐和退化均会导致温室气体排放，确认需要采取行动减缓热带发展中国家因森林砍伐和退化引起的温室气体排放，REDD机制被纳入“巴厘岛路线图”，确定了REDD谈判时间表

（续）

年份	会议（地点）	主要成果
2009	COP15（丹麦）	形成REDD+机制。与REDD机制相比，REDD+机制的适用对象从热带发展中国家扩大到包括中国在内的温带林业发展中国家；增加了通过森林保护、森林可持续管理措施增加森林碳汇储量的内容
2013	COP19（华沙）	通过《REDD+加沙框架》，细化了多项REDD资金规则，确定REDD方法学；对REDD项目的保护生物多样性、原住民参与及其对森林的用益权等做出规定，形成REDD++机制
2015	COP21（巴黎）	通过《巴黎协定》，明确提出为REDD机制提供资金，具体包括协调公共和私人、双边和多边来源的包括绿色气候基金提供的资助

注：RED（Reducing Emissions from Deforestation）：减少毁林造成的碳排放；REDD（Reducing Emissions from Deforestation and Forest Degradation）：减少毁林和森林退化所导致的碳排放。

UN-REDD是由联合国粮食与农业组织（FAO）、联合国发展署（UNDP）、联合国环境署（UNEP）联合组成的REDD组织，其成立的目的是促进发展中国家参与REDD并协助发展中国家的REDD能力建设。目前，UN-REDD与53个合作国家建立了合作关系，UN-REDD的政策委员会总共批准了对21个合作国家的6 780万美元的资助款项，用于这些国家REDD+政策的制定与实施。2010年，UNFCCC成立了由国家主导的REDD+伙伴组织。REDD+目标区域涵盖了更多更广泛的国家和地区，截至2016年10月，全球有超过44亿美元承诺用于REDD+项目（GOLDSTEIN，2016）。印度尼西亚、巴西、中国在内的高毁林发展中国家均开展了REDD+项目，多数项目产生的碳汇进入自愿交易市场进行交易（计露萍等，2017）。

REDD+项目的实施效果被很多国家认可。与CDM-AR项目相比，REDD+项目具有明显的成本优势，极大地降低了林业碳汇成本，同时对气候改善、生物多样性等方面产生了积极的影响。REDD+机制被普遍认为具有良好的发展前景（Sulistya，2019）。

（3）国际林业碳汇项目开发与交易情况

从CDM-AR到REDD+机制，获得各国减排市场认可的林业碳汇项目类型日益多样化。2013年至2015年间，全球林业碳汇交易数量也呈现快速增加趋势。2013年，全球林业碳汇交易总量达到3 280万吨，交易金额为1.92亿美元，当年全球林业碳汇交易平均价格为5.2美元/吨（世界银行，2015）。2015年全球林业碳汇交易总量达到8 800万吨，相较2013年增长了168.29%。国际林业碳汇项目类型主要包括造林和再造林项目、REDD+项目、改进森林经营管理项目、可持续农业和混农林业项目。2015年全球52个国家正在开发的上述类型的林业碳汇项目总数超过800个，但项目区域分布极不均衡，超过80%的林业碳汇项目集中在澳大利亚（428个）和美国（217个）（何桂梅等，2018）。另外，不同类型的林业碳汇项目交易量的变化趋势也呈现出明显差别，即使同一类型的林业碳汇项目在不同年份的交易量也有较大差别，详见表3-2。

表3-2　2011—2015全球林业碳汇年度交易量

单位：万吨

项目类型	2011年	2013年	2015年
造林再造林项目	400	350	530
REDD+项目	—	2 470	1 140
改进森林经营管理项目	—	270	920
可持续农业和混农林业项目	750	40	440

数据来源：http：//www. forest-trends. org/publication. Php.（Goldstein A and Ruef F，2018）。

国际非场外交易市场（管制市场），包括京都规则市场和非京都规则市场，逐渐成为林业碳汇交易的主要成交市场。2013年全球林业碳汇交易总量约为3 280万吨，其中89%的林业碳汇交易在场外交易市场完成，这就意味着林业碳汇的需求方主要是履行社会责任的企业。2015年，由于澳大利亚、美国加州及新西兰等国家或区域碳市场内的林业碳汇交易数量异军突起，林业碳汇的主要需求转变为承担减排任务的企业，用以抵减自身的年度超额碳排放。2015年，澳大利亚政府以竞拍的方式采购6 070万吨林业碳汇项目的核证减排量，涉及金额5.88亿美元，成交均价为9.7美元/吨。澳大利亚2015年林业碳汇交易量占项目抵减市场总需求的66%。同年，加州碳市场林业碳汇交易量达到650万吨，成交均价9.7美元/吨，总成交额为6 320万美元，同比分别上升6%、9%和16%，林业碳汇交易总量占当年市场抵减需求的46%（何桂梅等，2018）。2015年新西兰碳市场的林业碳汇交易量为130万吨，交易总额约1 000万美元，与2013年和2014年相比均有所上升（Word Bank，2018）。与场内林业碳汇交易激增相反的是，2015年全球场外林业碳汇交易数量和交易金额同比分别下降23%和31%，分别为1 820万吨和8 800万美元，2015年末林业碳汇价格跌至4.9美元/吨，较2014年同期下跌9.26%（Hamrick Kand Goldstein A，2016）。加州碳市场允许部分满足条件的自愿碳汇项目转入管制市场用于抵减排放量，由于管制市场的林业碳汇价格明显高于场外自愿交易市场，北美地区大量的自愿项目产生的自愿减排量进入加州碳市场进行场内交易，政策的变化和价格差导致美国和加拿大场外自愿林业碳汇交易量大幅减少。

3.1.2 国内主要林业碳汇项目开发类型

（1）CDM－AR林业碳汇项目

CDM机制下的造林和再造林项目（CDM－AR）是我国较早阶段开发的林业碳汇项目类型，CDM－AR项目产生的核证减排量通过CDM机制进入国际市场进行交易。CDM林业碳汇市场买方主要是世界银行的几个碳基金组织，包括原型碳基金、生物碳基金以及社会发展碳基金（武署红，2010）。世界最大的碳市场——欧盟交易体系出于对碳汇信用风险等问题的考虑，2012年以后只接受产自最不发达国家的林业碳汇项目，中国的CDM－AR项目被拒之门外。

受CDM碳汇市场需求萎缩、开发成本高等因素影响，我国的CDM造林和再造林项目开发数量少，且已停滞。据中国清洁发展机制网的CDM数据库统计资料显示，截至2018年10月31日，经国家发改委批准的CDM造林和再造林项目只有5个，其中4个在EB注册成功，2个项目已获签发CERs。实际上经国家发改委批准的CDM造林和再造林项目数字从2013年起就没有再增加过，CDM造林和再造林项目国内供给已经停滞。随着国内碳市场的开发与发展，国内林业碳汇项目纷纷转向国内CCER交易市场。

（2）CCER林业碳汇项目

为降低减排成本，中国政府于2012年开始启动国内碳市场建设，并于2013年和2014年先后建成和启动北京、上海、重庆、广东、天津、湖北和深圳七个碳交易市场，这些试点省、市根据国家发改委2012年和2014年出台的《温室气体自愿减排交易管理暂行办法》和《碳排放权交易管理暂行办法》作为地方碳市场运行的基本框架。国内七个碳市场依据《中国应对气候变化国家方案》和阶段性减排目标，实施排放总量控制下的碳排放配额交易。七个省、市根据地方产业结构和减排目标，设定了控排企业的地方标准。七个碳市场的交易内容均包括两类：地方排放配额和中国核证减排量（Chinese Certified Emission Reduction，CCER）。国内碳交易市场为自愿减排CCER留下了基础配额5%～10%的交易空间，其中包括林业碳汇减排量。但各市场均对减排项目所在区域和抵减上限做出相应的约束，不同地区的约束条件有所差异（表3－3）。

表3-3 国内碳交易试点CCER抵减限制规定

试点	CCER抵减比例（%）	CCER地域限制
北京	5	京外不超过年度配额的2.5%
天津	10	非天津本市及其他试点控排范围内项目
上海	5	非上海试点范围内
湖北	10	湖北省；与湖北省签署合作协议的省市（山西、安徽、江西、广东），且不高于5万吨
广东	10	70%广东本省
深圳	10	广东梅州、河源、湛江、汕尾；新疆、西藏、青海、宁夏、内蒙古、甘肃、山西、安徽、江西、华南、思创、贵州、广西、云南、福建、海南；和深圳市签署碳交易区域战略合作协议的其他省份或者地区

在借鉴国际林业碳汇项目方法学的基础上，结合我国林业发展的具体情况，目前我国CCER市场已经开发了四种林业碳汇项目的方法学（表3-4）。

据中国自愿减排交易信息平台统计信息显示，截至2017年9月30日，国内已经有96个CCER林业碳汇减排项目取得备案，约占减排项目备案总量的3.34%，远低于生产或能源类减排项目，这与国际项目减排市场的情况类似。另外，由于林业碳汇项目及其减排量备案手续复杂，耗时较长，严重制约了审定项目的上市交易进度。为了推动林业碳汇交易，部分碳交易试点为已经过审定的CCER林业碳汇项目开辟了上市交易的绿色通道。

以北京为例，为了推动林业碳汇交易的发展，《北京市碳排放权抵消管理办法（试行）》规定，重点排放单位可使用经审定的林业碳汇项目减排量用于抵消其排放量。北京碳市场为了便于重点排放单位履约，规定北京市及与北京实现跨区交易地区的林业碳汇项目在获得CCER正式备案签发前，经北京市发改委组织的专家评审通过并公示，可获得北京市发改委预签发一定比例的减排量（BCER）用于抵消交易。2017年北京碳市场共计挂牌4个林业碳汇项目，分别为北京市顺义区碳汇造林一期项目、承德市丰宁县千松坝林场碳汇造林一期项目、北京市房山区平原造林碳汇项目和塞罕坝机械林场造林碳汇项目。全年成交林业碳汇项目5笔，共计2 530吨（北京环境交易所和北京绿色金融协会，2018）。本研究对北京环境交易所公布的交易数据整理后得出：截至2018年末，北京市环境交易所包括CCER和北京核证减排量（BCER）林业碳汇项目累计成交32笔，成交量超过9.5万吨，成交金额284.87万元，成交均价25.3元/吨，成交单价高于其他类CCER项目。

表 3-4　国内林业碳汇项目方法学

林业碳汇项目方法学及编号	定　义
《碳汇造林项目方法学》AR-CM-001-V01	碳汇造林指以增加森林碳汇为主要目标之一，对造林和林木生长全过程实施碳汇计量和检测而进行的有特殊要求的项目活动
《竹子造林碳汇项目》AR-CM-002-V01	竹林指连续面积不小于1亩、郁闭度不低于20%，成竹竹竿高度不低于2米，竹竿胸径（或眉径）不小于2厘米的，以竹类为主的植物群落
《森林经营碳汇项目方法学》AR-CM-003-V01	森林经营指通过调整和控制森林的组成和结构，促进森林生长，以维持和提高森林生长量、碳储量及其他生态服务功能，从而增加森林碳汇
《竹林经营碳汇项目方法学》（AR-CM-005-V01）	竹林经营是指通过改善竹林生长营养条件，调整竹林结构（如竹种组成、经营密度、胸径、年龄、根鞭状况），从而改善竹林结构，促进竹林生长，提高竹林质量、竹材产量，同时增强竹林碳汇能力和其他生态和社会服务功能的经营活动

（3）碳中和与碳普惠林业碳汇项目

国内碳中和市场主要由中国绿色碳基金会推动。据中国绿色碳基金会官方网站披露，中国绿色碳基金会共组织和帮助开发林业碳汇项目 10 个，其中 2 个项目进入 CCER 市场，其余项目全部进入碳中和市场。中国绿色碳基金会充分利用当前国际主流绿色低碳理念，动员企业、组织等捐资造林增汇，利用中国绿色碳基金会的技术资源，面向企业、组织等开展“碳中和”项目。2010—2018 年间，中国绿色碳基金会面向组织、企业成功实施碳中和项目 43 个。在遵循相关方法学要求的基础上，碳中和林业碳汇项目开发更具有探索性，其开发模式可为 CCER 林业碳汇项目提供更多的借鉴。例如，中国绿色碳基金会 2012 年组织开发的浙江临安毛竹林碳汇项目，其碳汇产出于 2014 年 10 月以 30 元/吨的价格出售。该项目以 42 户农户作为项目业主，直接参与竹林经营。该项目交易成为国内农户森林经营碳汇交易的首单，也是林改后农户首次获得森林生态经营的货币收益，对扩大中国林业碳汇交易市场提供了有益借鉴。

碳普惠市场是近年来国内新兴的一个促进个人和小微企业减排的低碳市场。北京环境交易所与阿里支付宝合作打造的“蚂蚁森林”就是碳普惠市场内的一个典型的林业碳汇项目。“蚂蚁森林”是支付宝内置的个人碳账户公益应用，于 2016 年 9 月正式上线。北京环境交易所为“蚂蚁森林”开发了专门的碳减排方法学架构，用于计算个人小微低碳行为的碳减排量，并协助支付宝多次完成了该架构的修订和扩充。目前“蚂蚁森林”碳减排计算方法包括行走捐、共享单车出行、线下扫码支付、电子发票、在线缴纳水电煤气费等14个低碳生活场景，并且还在持续扩充中。支付宝用户在完成相应的低碳行为后可以获得“绿色能量”，通过积累一定量的“绿色能量”，用户可以申请由公益基金在西部沙漠地区种植一颗真树，并获得该树苗的电子证书。“蚂蚁森林”上线后受到了社会各界的广泛关注，用户数量一路上涨，截至2017年8月底，已经有2.3亿用户参加了该公益行动，总计减排122万吨二氧化碳，种出的真树已达1 025万棵，其中包括925万棵梭梭树、100万棵沙柳，主要用来防治风沙和水土流失。这些树遍及内蒙古阿拉善、鄂尔多斯、甘肃武威等地区，种植面积超过了16万亩。

碳中和与碳普惠市场规模较小，但其意义远远超过自愿碳市场的交易本身。碳中和与碳普惠市场的每1吨碳信用交易，都意味着在国内的某个地方为减少1吨二氧化碳的温室气体排放量做出了补偿。

综上所述，国内开发的林业碳汇项目类型包括CDM造林和再造林项目、CCER林业碳汇项目、碳中和项目和碳普惠项目四个大类。从项目开发的数量和项目规模来看，CCER林业碳汇项目是当前我国最主要的林业碳汇项目开发形式。随着国内碳市场的成熟与发展，CCER林业碳汇项目具有进一步的需求空间。

3.2 国内林业碳汇项目开发现状与特征

在全国碳市场建设的背景下，CCER林业碳汇项目是国内规模最大的林业碳汇供给途径。本研究根据中国自愿减排交易平台（http：//cdm.ccchina.org.cn/zySearch.aspx）公布的96个经审定的林业碳汇项目设计文件（PDD），系统地梳理了国内CCER林业碳汇项目实施地点、实施年限、依据的方法学、计入期及农户参与方式。

3.2.1 CCER林业碳汇项目增长态势

从近年我国CCER林业碳汇项目的审定情况来看，国内林业碳汇项目的开发数量总体呈现出上升态势。图3-1显示了2013—2017年国内CCER林业碳汇项目的审定数量。国内林业碳汇项目审定始于2013年年末，进入2014年后林业碳汇项目数量开始缓慢增长，2015—2016年林业碳汇项目数量进入快速增长阶段，2016年3季度的林业碳汇项目审定数量达到峰值29项。截至2017年1季度，审定的林业碳汇项目数量增长始终处于较高水平。

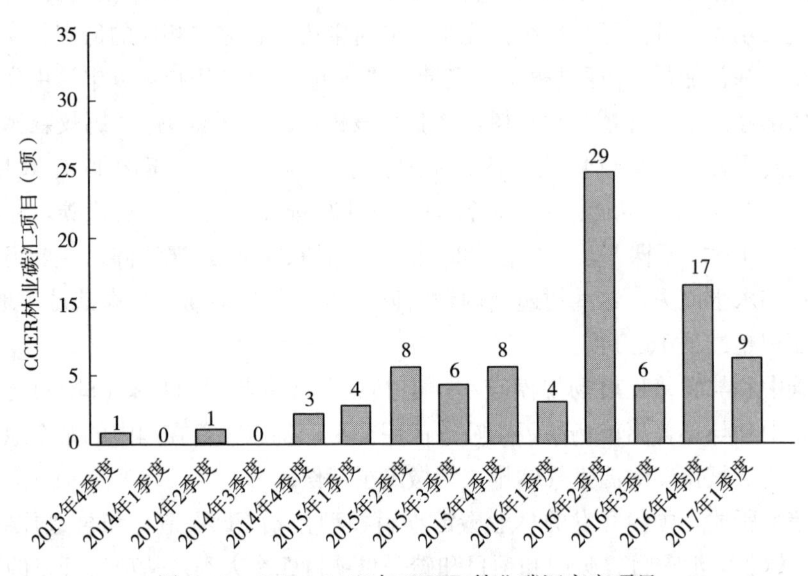

图 3-1　2013—2017 年 CCER 林业碳汇审定项目

根据适用中国自愿减排项目方法学的不同，CCER 林业碳汇项目被分为四个类型（表 3-5）。不同类型的 CCER 林业碳汇项目的开发数量存在明显差异，包括碳汇造林项目和森林经营项目在内的森林碳汇项目是当前我国 CCER 林业碳汇项目的主要构成类型，共计 90 项，其中又以碳汇造林项目的数量最多，为 66 项，占林业碳汇项目总量的 68.75%，其次是森林经营项目，共计 24 项，占项目总量的 25%。受林业碳汇项目关于碳汇额外性原则的约束，相同条件下的林分结构，碳汇造林项目每单位林地产生的减排量要高于森林经营碳汇项目，且森林经营项目的营林技术要高于碳汇造林项目。这些是造成碳汇造林项目数量远超森林经营项目的主要原因。另外，我国从 1999 年以来开展的大规模退耕还林工程和不断增大的生态修复力度也是推动森林碳汇项目快速增长的原因之一（曹先磊、程宝栋，2018）。

表 3-5　林业碳汇项目类型

项目类型	适用方法学	数量（项）	占比（%）
碳汇造林项目	碳汇造林项目方法学（AR-CM-001-V01）	66	68.75
森林经营项目	森林经营碳汇项目方法学（AR-CM-003-V01）	24	25.00

（续）

项目类型	适用方法学	数量（项）	占比（%）
竹子造林项目	竹子造林碳汇项目方法学（AR-CM-002-V01）	1	1.04
竹林经营项目	竹林经营碳汇项目方法学（AR-CM-005-V01）	5	5.21
	合计	96	100.00

数据来源：根据中国自愿减排交易平台（http：//cdm.ccchina.org.cn/zySearch.aspx）公布的审定项目设计文件（PDD）整理。

与森林碳汇项目相比，国内CCER竹林碳汇项目总量很少，只有5项，包括竹子造林项目1项和竹林经营项目4项。CCER竹林碳汇项目数量低于森林碳汇项目数量的主要原因是我国的竹林总面积远低于森林面积，由此造成竹林碳汇项目的开发资源相对较少。

不同类型的林业碳汇项目计入期选择有明显差异（表3-6）。由于森林碳汇项目（包括碳汇造林项目和森林经营项目）数量较多，项目计入期的选择更加丰富。碳汇造林项目的计入期涵盖5种，但近70%的碳汇造林项目计入期选择为20年，碳汇造林项目整体计入期较短。与碳汇造林项目相反，森林经营碳汇项目中近70%的项目计入期选择为60年，整体计入期较长。竹林碳汇项目计入期的选择比较单一，除仅有的1项竹子造林碳汇项目计入期为20年外，其余5项竹林经营碳汇项目的计入期均为30年。项目计入期的选择主要受林地性质（商品林或生态林）、林木轮伐期等因素影响。

表3-6　不同类型的林业碳汇项目计入期分布

项目计入期（年）	碳汇造林项目（项）	森林经营碳汇项目（项）	竹子造林碳汇项目（项）	竹林经营碳汇项目（项）	合计	
					数量（项）	占比（%）
20	46	6	1	0	53	55.21
26	1	0	0	0	1	1.04
30	8	1	0	5	14	14.58
40	5	0	0	0	5	5.21
60	6	17	0	0	23	23.96
合计	66	24	1	5	96	100.00

数据来源：根据中国自愿减排交易平台（http：//cdm.ccchina.org.cn/zySearch.aspx）公布的审定项目设计文件（PDD）整理。

3.2.2 CCER林业碳汇项目区域分布

国内CCER林业碳汇项目分布区域广泛，涉及全国22个省、市、自治区，广泛分布于我国东北林区、东南林区、西南林区三大主要林区和北方非主要林区（表3-7）。东南林区开发的林业碳汇项目最多，共计41项，占林业碳汇项目总量的42.71%，其项目类型涵盖了碳汇造林项目、森林经营碳汇项目、竹子造林碳汇项目和竹林经营碳汇项目四个类型。但不同类型的项目数量差别巨大，其中以碳汇造林项目数量为最，达到33项。东北林区共开发林业碳汇项目35项，占项目总量的36.46%，仅包含碳汇造林项目和森林经营碳汇项目两个类型，其中森林经营碳汇项目最多，为20项。西南林区的林业碳汇项目最少，仅7项，占项目总量的7.29%，其中又以碳汇造林项目为主。包括北京、河北、河南等省、市在内的北方地区开发林业碳汇项目共计13项，其中碳汇造林项目12项，森林经营碳汇项目1项。

表3-7 不同类型的林业碳汇项目区域分布

林区①	碳汇造林项目（项）	森林经营碳汇项目（项）	竹子造林碳汇项目（项）	竹林经营碳汇项目（项）	合计	
					数量（项）	占比（%）
东南林区	33	2	1	5	41	42.71
东北林区	15	20	0	0	35	36.46
西南林区	6	1	0	0	7	7.29
北方地区	12	1	0	0	13	13.54
合计	66	24	1	5	96	100.00

数据来源：根据中国自愿减排交易平台（http://cdm.ccchina.org.cn/zySearch.aspx）公布的审定项目设计文件（PDD）整理。

国内CCER林业碳汇项目的区域分布除了与各林区的林业资源特征相关，还受其他因素影响。东南、东北和西南三大林区是我国森林资源最丰富的区域：东南林区是我国最主要的人工林区，分布了数量最多的碳汇造林项目；东北林区是我国最大的天然林区；西南林区是我国第二大天然林区。竹林碳汇项目（共6项）全部分布于东南林区，其中浙江省4项竹林经营碳汇项目，湖北省1项竹子造林项目和1项竹林经营碳汇项目。浙江省和湖北省均为我国主要

① 本研究林业碳汇项目在各林区分布涉及的省、市，东南林区：江苏、浙江、安徽、江西、福建、湖北、湖南、广东、广西和贵州；东北林区：内蒙古、辽宁、吉林、黑龙江；西南林区：四川、云南；北方地区：北京、河北、河南、青海、宁夏、新疆和山西。

的竹林种植区域，竹林生产资源丰富。东北林区是 CCER 森林经营碳汇项目的主要开发地区，区域内集中了约 83.33%的森林经营碳汇项目（共计 20 项）。2016 年 5 月，“黑龙江翠峦森林经营碳汇项目”是国内首个获得国家发改委备案的森林经营项目，该项目的成功备案对区域内的其他同类项目开发具有明显的示范效应（中国发展门户网，2016）。森林经营碳汇项目开发技术的扩散有利于促进东北林区森林经营碳汇项目数量增长。

一个值得注意的现象是，在林业资源并不突出的北方地区，包括北京、河北、河南、青海、宁夏、新疆和山西 7 个省、市，其林业碳汇项目总量高于西南林区，这显然与两个地区的森林资源相矛盾。表 3－8 显示了林业碳汇项目在北方地区的分布情况，其中河北省项目数量最多，包括 4 个碳汇造林项目和 1 个森林经营碳汇项目；北京次之，包括 3 项碳汇造林项目；其余河南、青海、宁夏、新疆和山西 5 省每省各有 1 项碳汇造林项目。北方地区的林业碳汇项目分布数量与各省市的森林资源丰富程度亦不匹配。涉及林业碳汇项目的几个北方省市中，新疆维吾尔自治区森林资源最为丰富，但其林业碳汇项目仅有 1 个。与其他省份相比，北京市行政辖区面积最小，森林资源总量最少，但是其森林碳汇项目数量却高达 3 个，进一步说明了非森林资源对林业碳汇项目开发具有影响。从北京市林业碳汇项目的审定时间来看，3 个项目均处于国内林业碳汇项目审定的早期阶段。从林业碳汇项目的审定时间线来看，非森林资源因素对林业碳汇项目开发与林业碳汇供给具有重要影响。另外，环北京而立的河北省拥有 4 项林业碳汇项目，远超与其森林面积相似的河南省。再结合林业碳汇审定的时间线来看，越是早期开发的林业碳汇项目与其所在区域森林资源的丰富程度相关性越低。

表 3－8　北方地区林业碳汇项目分布情况

地区	森林面积（万公顷）	碳汇造林项目（项）	森林经营碳汇项目（项）	项目审定时间
河北省	439.33	4	1	2014 年 4 季度（1 项），2016 年 2 季度(2 项)，2016 年 4 季度（1 项）
北京市	58.81	3	0	2014 年 2 季度（1 项），2015 年 1 季度(1 项)，2015 年 2 季度（1 项）
河南省	359.07	1	0	2016 年 2 季度
山西省	282.41	1	0	2014 年 4 季度
宁夏回族自治区	61.80	1	0	2016 年 2 季度

（续）

地区	森林面积（万公顷）	碳汇造林项目（项）	森林经营碳汇项目（项）	项目审定时间
青海省	406.39	1	0	2016 年 3 季度
新疆维吾尔自治区	698.25	1	0	2016 年 4 季度
合计	—	12	1	—

数据来源：《中国林业年鉴》（2018）；中国自愿减排交易平台（http：//cdm.ccchina.org.cn/zySearch.aspx）公布的审定项目设计文件（PDD）。

注：××年×季度（N 项）是指该省（市）在××年×季度审定林业碳汇项目 N 项。

北京作为全国的政治、经济和文化中心，是国家发改委所在地，亦是中国林科院、中国绿色碳基金会等林业碳汇推动和研究机构的所在地。林地、林业生产资源等仅为林业碳汇项目开发的必要条件，CCER 林业碳汇项目要求必须符合相应的方法学，林业碳汇项目设计、开发、减排量备案和上市交易过程中都需要专业化技能和知识。与其他地区相比，北京及其附近的城市和地区更容易获得开发林业碳汇项目必需的非林业生产技术。社会资本通过隐性知识的传递与扩散、提高资源配置能力与技术创新扩散的速度、潜在采用者范围和采用者总量以及技术创新的数量和能力等方面的作用可以对技术扩散产生积极的促进作用（张广凤，2010）。因此，社会资本是导致北京市和河北省更容易获得林业碳汇开发技术的原因之一。

3.3 林农参与林业碳汇项目的特征

3.3.1 CCER 林业碳汇项目开发与经营主体

林业碳汇项目开发与经营主体主要包括项目业主、项目开发商和林地所有权人三类（图 3-2）。

多数 CCER 林业碳汇项目设计书（PPD）中显示的项目业主即为碳汇项目开发单位，但有 9 个项目涉及非项目业主的其他开发单位。项目业主通常为三类组织，第一是国有林场，第二是林业局，第三是林业企业。非项目业主的其他开发单位主要是专业化的林业碳汇开发企业，例如广州市广碳碳排放开发投资有限公司。根据项目业主与项目开发单位的关系，林业碳汇项目可以分为两类：业主自行开发项目和委托碳汇开发单位开发项目。不同的开发方式往往对应着不同的收益分配方式。项目业主和委托碳汇开发单位之间的收益分配主要体现在项目减排量产生的收益分配，一般不涉及林木等物质产出收益。

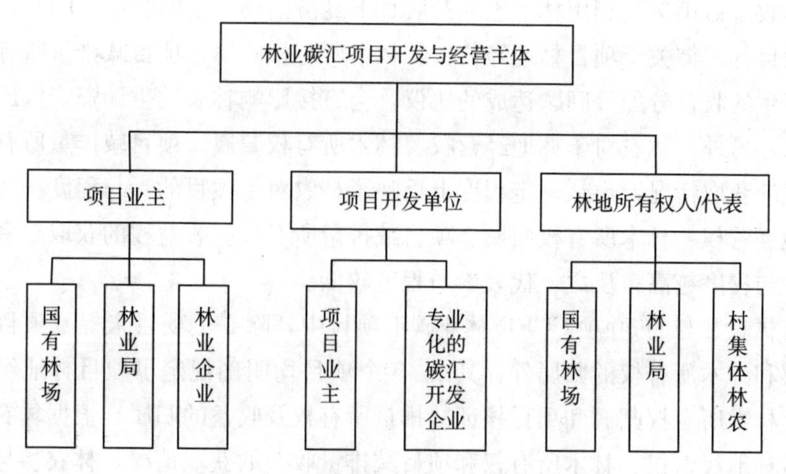

图3-2　林业碳汇项目开发与经营主体

实施林业碳汇项目的林地既包括国有林地，也涉及集体林地，林地所有权人的代表一般为国有林场、林业局和村集体。林农参与的林业碳汇项目是指项目林地所有权涉及村集体所有的林业碳汇项目。经审定的96个CCER林业碳汇项目中，所有林农均以林地所有权人的身份参与林业碳汇项目开发。

96项CCER林业碳汇项目中，林农参与的项目数量达到50项，超过项目总量的一半。林农参与的林业碳汇项目类型分布见表3-9。

表3-9　林农参与林业碳汇项目开发类型

	碳汇造林项目	森林经营碳汇项目	竹子造林项目	竹林经营碳汇项目	合计
项目总量（项）	66	24	1	5	96
农户参与项目数量（项）	43	1	1	5	50
占比（%）	65.15	4.17	100.00	100.00	52.08

数据来源：根据中国自愿减排交易平台（http：//cdm.ccchina.org.cn/zySearch.aspx）公布的审定项目设计文件（PDD）整理。

注：农户参与项目的标准：项目林地所有权涉及村集体所有，则该项目被认定为农户参与项目，否则该项目被认定为非农户参与项目。

3.3.2　林农与林业碳汇项目权益分配

林地和林木是林农生计资产的重要组成部分，林农参与林业碳汇项目开发与经营，项目权益分配方式对林农生计具有重要影响。林业碳汇项目的收益主要来自三个方面：第一是林木等物质产出产生的收益；第二是项目核证减排量产生的收益；第三是利用林下土地开展林下经济活动产生的收益。因此，林业碳汇项目各主体关于项目林地经营权、林木所有权归属、项目减排量所有权归属及产生的收益分配等问题达成的协议，会直接影响林农的生计资产构成和生计结果。另外，林农对于林地经营权、林木所有权归属、项目减排量所有权及收益权的获取情况，也从一定程度上反映了林农对于项目的参与程度。林农对于林地经营权、林木所有权归属、项目减排量所有权及收益权的获取越多，代表其参与程度越高；反之，代表参与程度较低。

有林农参与的 50 项 CCER 林业碳汇项目中，除 5 个项目未提及项目林地经营权和林木所有权的归属外，其余 45 个项目均明确规定了项目林地经营权归属、林木所有权归属和项目核证减排量所有权及收益的归属。根据林农在项目中对林地经营权、林木所有权和项目减排量收益的获取情况，林农参与林业碳汇项目权益分配的方式被分为以下五种：

分配方式一。林农将林地经营权全部流转出去，林下土地使用权和林木收益权在合同期内归项目业主所有，由项目业主一次性给予林农补偿，林农不参与林木及项目核证减排量产生的收益分配。

分配方式二。林地经营权归属项目业主，林农保留林木所有权，获得林木收益，但不参与项目核证减排量产生的收益分配。

分配方式三。林农保留林地经营权和林木所有权，可以利用林下土地开展林下经济活动，获得全部的林木收益，但不参与项目核证减排量产生的收益分配。

分配方式四。林农保留林地经营权和林木所有权，可以利用林下土地开展林下经济活动，获得全部的林木收益，林农参与项目核证减排量产生的收益分配。

其他方式。未提及项目林地经营权和林木所有权的归属，但明确项目减排的所有权及其产生的收益归项目业主，林农不参与项目核证减排量产生的收益分配。

各类林农参与项目权益分配方式的项目数量如图 3-3 所示[①]。林农以第三种方式参与项目权益分配的项目数量最多，其后依次为方式一、方式四和方式二。可能出于对林木所有权归属方权益的保护，多数林业碳汇项目林地经营权和林木所有权归属均保持统一，只有 2 个项目（方式二）的林地经营权和林

① 6 个竹林碳汇项目规定林地经营权和林木所有权归属至村集体合作社，被认为等同于林地经营权和林木所有权归属至林农，根据其项目减排量所有权和收益权的界定，这些项目被分别计入方式二或方式三。

木所有权归属不一致。从林农在项目中获取的权益种类丰富程度来看，除方式四所涉及的8个项目外，其余42个项目（包括其他项目），占林农参与项目总量的84%，林农均不直接参与项目核证减排产生的收益分配。按照方式一进行权益分配的项目为14个，占林农参与项目总量的28%，在这些项目中，林农的参与方式就是简单地将林地经营权流转出去，林地、林木不再是林农的生计资本构成要素。此类项目的碳汇收益很难惠及林农。

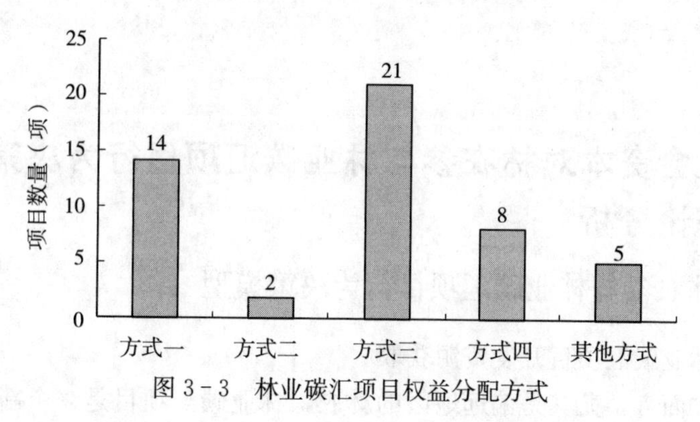

图3-3　林业碳汇项目权益分配方式

3.4　本章小结

随着国际社会对森林调节气候作用的认识逐渐深入，《联合国气候变化框架公约》历次会议逐步确定了林业碳汇项目的开发机制，形成了CDM-AR、REDD、REDD+等一系列林业碳汇项目方法学和开发机制，林业碳汇交易逐步进入国际主要碳交易市场。无论是场内还是场外，林业碳汇交易都呈现出快速增加的趋势。2013年底，中国陆续建立和开放7个碳交易试点，经核证的林业碳汇可以进入国内碳交易试点抵减企业排放额，但抵减比例有一定的限制。碳中和、碳普惠交易是国内林业碳汇的场外交易形式。CCER林业碳汇项目是当前国内规模最大的林业碳汇供给途径。2013—2017年间CCER林业碳汇项目开发增长迅速。根据CCER林业碳汇项目方法学要求，CCER林业碳汇项目包括碳汇造林、森林经营、竹子造林和竹林经营四个类型。上述四种类型的林业碳汇项目分布于我国东南林区、东北林区、西北林区和北方地区，但区域林业碳汇项目数量与区域森林资源丰富程度的重合度并不高，这一点尤其在北方林区表现明显。林农参与的林业碳汇项目主要为碳汇造林项目，约占项目总量的52.08%，不同项目中，林农获得的权益内容差别较大。

第4章　社会资本对林农参与林业碳汇项目行为决策的影响研究

4.1　社会资本对林农参与林业碳汇项目行为决策影响的理论分析

4.1.1　林农参与林业碳汇项目行为决策模型

（1）林业碳汇项目开发资源获取

对林农而言，尤其是偏远地区的林农，林业碳汇项目是一个新鲜的概念。林业碳汇项目作为一种新型林业经营方式，与传统营林模式相比，具有过程复杂、专业化程度高等特点。林业碳汇项目开发过程必须符合相关方法学要求，按规定制作项目设计书文件（PPD），还涉及项目审定、备案和减排量备案等环节。中国自愿减排林业碳汇项目方法学规定的林业碳汇项目供给时间最少为20年，在此期间，针对项目林地开展的经营技术与措施必须符合相关方法学的技术要求，并经过相关资质单位的检查验收和碳汇计量，才能被认定为碳汇林。

林业碳汇项目涉及的上述环节和活动基本上排除了林农不依赖外界组织独立开发林业碳汇项目的可能。事实上，涉及集体林地的50项CCER林业碳汇项目业主均为非林农组织，这一点也印证了集体林开发林业碳汇项目需要具备专业林业碳汇知识的外界开发单位帮助。具备林业碳汇项目开发专业知识和能力的外界开发单位与村庄联系，愿意利用村庄林地开发林业碳汇项目，可以被视为集体林村庄开发林业碳汇项目必须获取的资源，是集体林开发林业碳汇项目的基础。

（2）农户行为意愿决策

前景理论作为行为科学的重要分支，是分析个体行为决策的重要工具之一。个体行动者面临不确定情形下的决策问题，需要对不同的方案进行排序和选择。依据“理性人”假设，个体行动者会根据各种情况出现的概率及对应的收益，计算不同方案对应的期望值，进而将期望值最大的方案作为最优方案。然而根据有限理性理论，由于信息的非完全性、决策成本限制和行为个体的社会性等因素，个体行动者在决策过程中往往会以“满意”为标准进行方案的选择，而非选择“最优”（Simon and Alexander，1989）。农户在农业生产中对各类资源的调整与配置决策就是典型的风险型多属性决策问题，农户生产行为决策受多种因素影响，农户会对各种方案的成本、收益及风险进行对比后得出结果。前景理论是当前分析农户行为决策的常用工具之一。国内学者利用前景理论对农户种养行为、农地流转、农户兼业等行为决策的分析（陈超，2011；李拓，2017；庄晋财，2018），表明前景理论对农户行为意愿的决策研究具有适用性。因此，本研究认为，就林业碳汇项目开发而言，林农会从开发成本、预期收益、风险认知、林地的生态价值认知等因素进行考量，根据上述方面是否达到满意标准，从而做出林业碳汇项目开发意愿决策。

从林地经营角度来看，开发林业碳汇项目是对传统森林资源利用方式的变化。在传统的林地经营模式中，林农依赖林木等物质产出获取经济收益；林业碳汇项目的经营过程中，经营者利用项目产生的核证减排量获取收益，项目存续期内禁止除抚育活动以外的砍伐等破坏行为。林农利用自家林地开展或参与林业碳汇供给，会导致林农生产成本和收益的变化。与林地的传统经营方式相比，林业碳汇项目经营成本的变化主要体现在物质、技术等生产要素的成本投入和轮伐周期的变化，而林农的收益变化主要来自经济产品的变化（Stainback，2002）。

林业碳汇项目经营风险是农户决策意愿过程中的另一个重要影响因素。小规模林农在对待有关农业生产的新事物投资判断过程中，其对风险的认知及其风险偏好程度是重要影响因素（El-Nazer and Mccarl，1986；Luisa et al.，2013）。中国林业碳汇交易仍然处于起步阶段，林业碳汇项目属于潜在项目。在林业碳汇项目开发、林业碳汇供给过程中，小规模农户面临信息不对称、碳汇价格不稳定、市场谈判能力薄弱等问题，这些导致集体林区的小规模林农在林业碳汇供给意愿决策过程中会考虑风险问题（朱臻等，2016）。因此，集体林区产权主体分散的小规模林农对于参与林业碳汇供给的风险认知会影响农户的行动意愿决策。

在利用土地的生产经营活动中，土地的非市场价值被认为是影响农民生产决策的因素之一。学界普遍认为耕地的非市场价值对农户的耕地利用方式具有重要影响。针对海外农户对于耕地保护的研究显示，耕地提供的非市场价值是农户耕地保护的重要驱动力（陈美球等，2009）；农户的耕地保护热情、农户对政府倡导的耕地保护政策的响应，都与农户对耕地非市场价值的认知程度具有显著的正向关系（冯艳芬，2013）；农户对耕地非市场价值的认知通过影响农户对耕地保护所产生的非市场价值增量的认可，间接影响农户对耕地资源的保护程度（江冲等，2012）。耕地的非市场价值主要包括生态服务价值和社会保障价值（李广东等，2011），农户对耕地非市场价值的认知被分为生态价值认知和社会保障价值认知，耕地的非市场价值认知是影响农户耕地保护合作意愿的自主因素，对农户耕地保护合作意愿具有正向影响（史雨星等，2019）。森林具有碳汇、保持水土、涵养水源、调节气候等多种生态服务功能，对于环境生态调节发挥了巨大的作用。借鉴农户关于耕地非市场价值认知与耕地利用与保护之间的关系，本研究认为林农对于森林生态价值的认知亦会正向影响其参与林业碳汇项目的行为意愿决策。

集体林碳汇项目开发决策模型如图 4－1 所示。

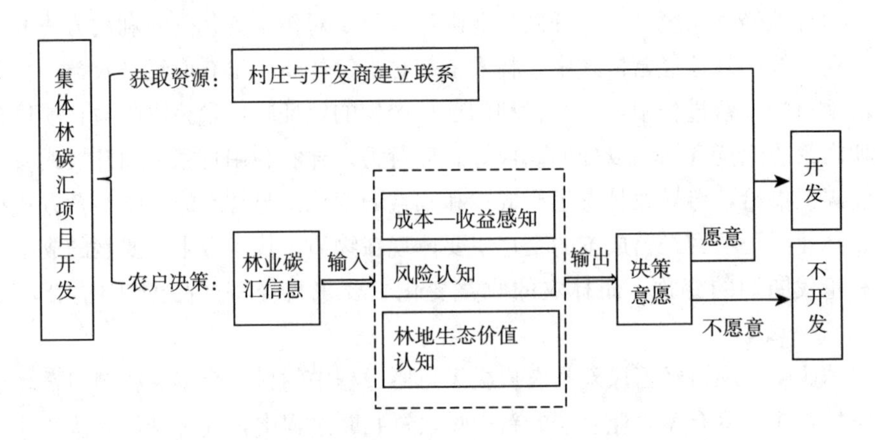

图 4－1　集体林碳汇项目开发决策模型

4.1.2　社会资本的参与机理和研究假设

（1）村庄对外关系网与资源获取、信息输入

① 村庄对外联系与资源获取。社会资本中包含社会关系创造的社会网络，其中包含各种友好关系，这些友好关系可以被动员起来获得所需要的资源（Adler and Kwon，2002）。CCER 林业碳汇项目供给现状的研究结果显示，CCER 林业碳汇项目业主多为林业公司、林场等组织。村干部或村民与林业公司、林场等组织之间建立的关系网络，可以帮助村庄获取林业碳汇项目开发资

源。另外，在政府推动农户积极参与林业碳汇项目开发的背景下，政府组织在集体林村庄与林业碳汇项目开发业主之间的桥梁作用显著（龚荣发、曾维国，2018），政府对撮合集体林村庄与开发单位之间就林业碳汇项目开发达成合作，具有重要影响。因此，村庄与林业公司、林场和相关政府组织之间的联系，可以正向帮助村庄获得林业碳汇项目开发资源。

② 村庄对外关系与信息输入。充分的信息输入是农户决策是否参与林业碳汇供给的前提。国内小规模林农的信息不对称、生产能力弱、市场谈判能力差等特征，导致其在林业生产上并非是完全理性的，多数小规模农户表现出风险厌恶的特征（陈茜、段伟，2019）。从理论上讲，农户信息的获取能力越强，其农业生产经营中获取的市场信息、技术知识和经验越丰富，这些会降低其采用新型生产技术或模式中的不确定性，从而缓解风险厌恶对其技术采纳行为的抑制作用，提高其采用新技术的可能性（Abadi-Ghadim，2005；Luh et al.，2014）。在针对中国农户生产行为的研究中，农户信息获取能力和采用新型生产技术与模式的正相关关系得到验证（高杨、牛子恒，2019）。因此，本研究认为充足的信息输入是促成农户参与林业碳汇项目意愿决策的重要资源。

村域（行政村）作为我国最小的行政区域单元，是农户生活、生产的主要载体，是影响农业生产信息有效传递至农户的关键点（刘国华、魏世创，2017）。当前中国农业生产信息进入村域层面的途径主要包括以下三类：第一，人际传播。人际传播是中国农村社区农户获得生产信息的主要方式，具体的途径通常包括以下三条：a 通过人际间的联系，多数发生在非正式场合的互动中，例如亲戚、朋友之间的交流；b 从相关的集市或市场中直接获得；c 信息的行政传递，发布信息的行政部门逐层向下级行政部门传递，村庄领导根据其行政职责，将从上级部门中得到的信息向村民进行传播（冯海英，2007）。第二，大众传媒。随着农村生活水平的提高，广播、电视等大众传媒逐渐进入农村社区，这些大众媒体开始成为农村信息传播网的一部分。第三，信息机构传播。随着农村信息化工程的推广，互联网以及以互联网为平台的信息服务站逐步进入农户家庭，并为之提供各类生产信息（周晓莹、李旭辉，2012）。三种信息传播方式在农村生产技术信息传播过程中所发挥的作用并不相同。受农户学历水平、学习态度、学习习惯等因素影响，大众传媒和网络信息对农户生产信息的传播效果总体上并不理想（冯献等，2016；范冰玉，2019）。人际传播至今仍是中国农村生产信息到达村域层面的主要信息传播方式（旷浩源，2015）。

林业碳汇项目开发有严格的技术标准和操作程序。林业碳汇项目开发必须选取意向交易市场，开发过程必须符合相关方法学的技术规范要求。一个林业碳汇项目操作通常包括项目设计、项目审定、项目备案、项目实施、项目监测、减排量核证及其备案签发等 7 个步骤，操作程序复杂，技术含量高。在没有专业组织合作的帮助下，林农很难独立开展林业碳汇项目。在对国内 CCER 林业碳汇项目的调查过程中，未见到单纯由农户或农户联合开发的林业碳汇项目。林业碳汇项目业主多为林业公司、林场等组织。显然，如此复杂的林业碳汇信息很难通过集市、大众媒体和网络等途径传入村域层面，而是更多地通过专业组织或专业人才将信息带至村域层面。因此，本研究认为农村与外界专业机构或专业人才的联系越多，林业碳汇信息获取能力越强，能够得到更多的林业碳汇信息，越有助于促成林农形成积极的林业碳汇供给意愿。基于上述分析，本研究提出研究假设：

H4-1：村庄对外联系程度，正向促进林农参与林业碳汇项目；信息输入为中介变量，村庄对外联系正向影响信息输入，信息输入正向促进林农参与林业碳汇项目开发。

（2）人际信任与交易成本、风险认知

受林业碳汇项目开发与经营成本等因素限制，从经济性的角度来看，林业碳汇项目开发对林地规模具有一定的要求。集体林林权改革后，确权到户，小规模、分散经营是我国当前集体林经营的特征之一。鉴于林业碳汇项目对林地规模的要求，林农之间需要联合参与林业碳汇项目并开展联合生产行动，例如耕作、肥力储藏、林道开辟等（韩雅清等，2017）。集体林开发的林业碳汇项目可以被视为一种林农集体生产行为。

社会信任是基于社会关系网络所形成的行为规范和人与人之间的信任，是影响农户参与集体生产行动的重要影响因素（教军章、张雅茹，2018）。Luhmann（1979）将社会信任划分为人际信任和制度信任。人际信任以人与人之间的关系为基础；制度信任以人们行为过程中受到的法规、契约等制度的约束为基础，二者形成的机制和作用机理不同（汪汇等，2009）。农户间的社会信任有利于农户间的交流沟通、减少合作障碍等，可以增加农户对集体行动的信任程度和认同感，进而促进农户集体行动的实现（王静等，2018；梁巧等，2014）。农户间的信任程度越高，越有利于达成高水平的合作（Milinski et al.，2002）。参考前人研究结论，林农间的人际信任亦会对林业碳汇供给意愿决策有重要影响。

林业碳汇项目开发与运营过程中需要系统化的专业知识，单纯依靠林农和村业组织很难独立完成林业碳汇项目。多数CCER林业碳汇项目是依托林业公司、林场等组织实施的。集体林开发林业碳汇项目的主要流程是项目业主与村级、乡级或行政等级更高的县级相关负责人进行谈判，达成初步意向，之后再通过村级领导人向林农传达项目信息。村干部等人在林业碳汇生产的集体行动发起过程中充当了中介者的角色。在项目谈判过程中，村干部几乎是林业碳汇项目信息的唯一来源。对于林农而言，村干部具有双重身份。由于地缘、亲缘和血缘等关系的存在，村干部首先是邻居、亲戚或朋友，同时也是政府组织的代表。林农对村干部的信任包括两个层面：特殊信任和一般信任。如果林农与村干部之间具有亲缘和血缘关系，则他们之间存在特殊信任。村民对村干部个人品德、信用和工作能力等方面的一般信任产生于生活日常，取决于村干部的既往行为。林农对村干部的特殊信任程度越高，意味着农户对村干部人品和能力的认可度越高，这可以有效减少林农与村干部之间的谈判成本，有利于林农形成积极的林业碳汇供给意愿。林农对于村干部的特殊信任程度越高，越有利于增强林农的制度信任感，可以降低林农对于林业碳汇项目风险的评价，有利于形成积极的林业碳汇供给意愿。

林业碳汇项目是林农之间的联合行动。林农对于其他村民的信任程度会影响与之建立合作关系的意愿。中国农村是典型的关系型社会，信任是人与人之间感情的基础（费孝通，2007）。尤其在偏远地区的农村，村民的生活范围相对集中，农业生产与家庭生活都高度依赖村民之间形成的社会关系。良好的信任关系可以有效降低农户之间合作的管理成本和交易成本（科尔曼，1990）。林农对于其他村民的信任程度越高，村民之间联合行动的成本就越低，开展联合行动形成积极的林业碳汇供给意愿的可能性就越大；反之，则不利于形成积极的供给意愿。基于上述分析，本研究提出研究假设：

H4-2：林农的人际信任程度，包括对村干部的信任和对其他村民的信任，正向促进林农参与林业碳汇项目。

（3）制度信任与风险认知

制度信任是社会信任中的另一个维度，是指建立在制度基础之上的信任，以人与人、人与组织交往过程中所受到的规范准则、法纪制度的管束制约为基础。制度信任是规制和塑造农村社会秩序的一种重要约束机制（何可等，2015）。对政府政策的信任是制度信任的关键体现（邹宇春等，2012），农户对相关政策制度的信任程度会对其参与和支付意愿产生影响（贾亚娟、赵敏娟，2019）。针对中国农村的研究显示，农户对政府的政策信任程度越高，越能促使公众对政府政策产生较强的心理认同，从而促进农户以更积极的态度参与相关的集体生产活动（蔡起华、朱玉春，2015）。

碳市场是一种典型的制度性市场，受政策变动影响巨大。林业碳汇的市场需求源于各国政府对于限排企业超额排放的抵减规定，很容易受到政策变动的影响。政府向企业发放的排放额度、政府对企业规定的超额排放抵减限额，都会直接影响碳市场内限排企业对林业碳汇的需求量。从供给角度来看，林业碳汇项目方法学中关于额外性的规定、基准线的测定等内容都会对林业碳汇的供给成本产生影响。林业碳汇经营周期较长，通常为20年或30年，在此期间不得砍伐林木。林农参与林业碳汇项目可能会改变林农的经济收益途径，涉及生计问题，林农对项目风险会比较敏感。风险认知水平会直接影响林农参与林业碳汇项目的意愿决策。龚文娟和沈珊（2016）验证公众对政府的制度信任与环境风险认知呈负相关，制度信任水平越高，环境风险认知越弱，认为公众对政府制度的信任直接塑造他们的风险认知，而风险认知影响风险应对行为。林农对于政府相关制度稳定性、落实机制等信任程度越高，越有利于农户产生心理认同，形成一种利己的鼓励性认知（韩雅清等，2017），容易促使林农形成积极的林业碳汇供给意愿。

集体林开发林业碳汇项目，项目业主与农户需要签署林地转让或合作开发协议，以契约的方式规定二者的权利、责任和利益分配。契约信任是微观主体进行交易的基本前提（洪名勇等，2015），高水平的契约信任可以降低由于信息不对称产生的交易成本，对小农户合同的执行选择具有显著的正面影响（Rong Cai and Wanglin Ma，2015）。因此，农户对与外界林业组织签署的契约信任程度越高，越有利于农户参与林业碳汇项目。基于上述分析，本研究提出研究假设：

H4－3：农户的制度信任，正向促进林农参与林业碳汇项目；农户的风险感知为中介变量，农户的制度信任负向影响农户关于参与林业碳汇项目的风险感知水平，风险感知水平负向影响林农参与林业碳汇项目开发。

（4）组织支持与信息输入、森林生态价值认知

Eisenberger 等（1986）在对个体行为的研究中提出了组织支持的概念，认为组织通过向其成员提供许诺和支持，可以帮助组织成员从整体认知上形成组织支持感，组织支持感包括组织对成员贡献的关注、成员福利的关注等内容。组织成员会根据感知到的组织支持感调整自己的行为，良好组织支持感有助于个体从行动上更好地回馈组织。凌文铨等（2006）针对中国企业组织的研究认为，组织支持对组织成员的影响不仅仅体现在情感感知维度，组织支持还包括工作支持、认可成员价值及关心成员利益三个方面。更多的学者将组织支

持分为情感支持和工具支持两个方面（杨柳等，2018）。针对中国农村的多项研究表明高水平的组织支持促使农户在水利设施管护、水利供给和农产品质量控制等多方面的集体行动中表现出更多有利于组织的态度和行为（赵燕、朱玉春，2018；王磊，2019；薛宝飞，2019）。

从林业碳汇项目的特点来看，林业碳汇项目开发与运营流程复杂，需要专业化的系统知识。村组织或上级政府组织向农户提供的工具性支持会对林农参与林业碳汇项目具有重要影响。针对林业碳汇项目的工具性支持包括对农户进行充分信息讲解，具体涉及林业碳汇市场、参与项目后的经济产品变化、村内林地主要树种的轮伐周期变化等内容。这些工具性支持水平越高，农户得到的信息越充足，同时会增加农户对于制度的信任程度，有利于农户参与林业碳汇供给。另外，相对于其他减排项目，林业碳汇项目的生态属性更加突出。增加林业碳汇供给可以产生净化空气、涵养水源、保持水土、调节小气候等生态价值，对社会发展和人类福祉具有重要意义。村组织和上级政府对森林生态价值的宣传活动，可以增加林农对于林业碳汇项目生态价值的认知水平，有利于其参与林业碳汇项目开发。

村组织或上级政府组织对农户的情感支持，例如对农户生活和生产上的帮助等，有利于激发农户对组织所宣扬的林业碳汇项目生态价值的心理认同，从而做出互惠行动回报组织，形成积极的林业碳汇项目开发意愿。基于上述分析，本研究提出研究假设：

H4-4：组织支持水平，正向促进林农参与林业碳汇项目开发；森林生态价值认知为中介变量，组织支持正向影响林农的森林生态价值认知，林农的森林生态价值认知正向促进其参与林业碳汇项目开发。

4.2　变量选择与数据特征

4.2.1　林业碳汇项目开发行为与中介变量

农户是否参与林业碳汇项目是一个二元问题，分为参与和非参与两种情况。本研究从农户层面考察林业碳汇项目开发行为，通过“农户是否参与林业碳汇项目”指标测量集体林开发林业碳汇项目情况。本次共测量农户样本1 398份，其中678户参与林业碳汇项目，占样本总数的48.5%，720户未参与林业碳汇项目，占样本总量的51.5%。农户的行为分为“参与”和“未参与”两种情况，“参与”被赋值为1；“未参与”被赋值为0。

中介变量分别选取农户的林业碳汇信息获取量、对林业碳汇项目开发风险感知、对森林生态价值认知3个指标反映，赋值说明及结果见表4-1。

表4-1 因变量和中介变量测量指标

变量	测量指标	符号	说明	均值	标准误
因变量	是否参与林业碳汇项目	Y	否=0；是=1	0.48	0.50
中介变量：					
信息输入	林业碳汇信息获取量	Z_1	4个题目，每答对1题加1	2.15	1.19
风险感知	对开发林业碳汇项目的风险感知	Z_2	没有风险=0，有一点风险=1，风险一般=2，风险比较大=3，风险非常大=4	1.19	1.13
森林生态价值认知	对森林生态价值的认知	Z_3	没有生态价值=0，有一点=1，一般=2，比较重要=3，特别重要=4	2.67	0.91

4.2.2 社会资本的测量

关于社会资本的测量，目前并没有统一的表征规范及问题框架，尤其是对农村区域社会关系的调查。社会资本的研究维度及研究重点决定表征变量的选择，多是学者根据调研区域及调研内容设计具体问题（钱龙、钱文荣，2017）。关于社会资本问题的设计也有较大分化，例如以多个问题表征单一社会资本变量（张方圆等，2013；许朗等，2015），或每一个社会资本维度都采取单一核心问题进行表征（叶静怡等，2014；何可等，2015；颜廷武等，2016;）。本研究涉及的农村社会资本主要包括农村对外关系网络、人际信任、制度信任和组织支持四个维度，需要从村域和农户两个层面进行测量。因此，本研究针对样本林区农村社会的基本情况和林业碳汇项目供给特征，借鉴韩雅清等（2017）和王明天等（2017）针对林区农户社会资本构建的测量指标，本研究构建社会资本变量与测量指标如表4-2所示。

表 4-2　乡村社会资本测量

测量层面	测量维度	测度指标	符号	赋值说明	均值	标准误
村域层面	村域对外联系（X_1）	村庄近3年派出学习或考察的次数	X_{11}	0次=0；1次=1；2次=2；3次=3；＞3次=4	1.81	1.51
		村庄近5年与林业企业或组织合作开展活动的次数	X_{12}	0次=0；1次=1；2次=2；3次=3；＞3次=4	1.97	1.33
		村庄近5年从政府部门了解林业生产或经营的情况	X_{13}	没有=0；很少=1；一般=2；比较多=3	1.27	1.16
农户层面	个体人际信任（X_2）	对村支书的信任程度	X_{21}	不信任=1；有点信任=2；一般=3；比较信任=4；非常信任=5	2.17	1.48
		对邻里的信任程度	X_{22}	不信任=1；有点信任=2；一般=3；比较信任=4；非常信任=5	2.22	1.53
	个体制度信任（X_3）	对林业碳汇政策的信任程度	X_{31}	不信任=1；有点信任=2；一般=3；比较信任=4；非常信任=5	3.12	1.29
		对项目契约的信任程度	X_{32}	不信任=1；有点信任=2；一般=3；比较信任=4；非常信任=5	2.22	1.33
	组织工具支持（X_4）	组织传达碳汇市场信息数量	X_{41}	没有=1；非常少=2；一般=3；比较多=4；非常多=5	2.17	1.18
		组织对森林生态功能的宣传	X_{42}	没有=1；非常少=2；一般=3；比较多=4；非常多=5	2.13	1.16
		组织对农户生活上的帮助	X_{43}	没有=1；非常少=2；一般=3；比较多=4；非常多=5	2.11	1.14

4.3 模型设置与结果分析

4.3.1 模型设置

结构方程模型（Structural Equation Model，SEM）作为一种实证分析模型，可以通过可观测变量来分析不可观测变量，能够解决由于变量间的内生性问题而导致的计量模型失效问题（Asah，2008）。鉴于上述优势和特点，近年来SEM在管理学和经济学研究领域得到广泛应用（Golob，2003；Ulengin等，2010）。本部分研究利用SEM来分析和验证农户层面个体人际信任、制度信任和组织支持对集体林开发林业碳汇项目的影响。

用如下形式的结构方程表示潜变量与观测变量之间的关系：

$$\eta = \beta\eta + \Gamma\xi + \zeta \tag{4-1}$$

$$Y = \Lambda_Y\eta + \varepsilon \tag{4-2}$$

$$X = \Lambda_X\xi + \delta \tag{4-3}$$

X——外生观测变量，Λ_X 是外生观测变量在外生潜变量上的因子载荷矩阵；

Y——内生观测变量，Λ_Y 是内生观测变量在内生潜变量上的因子载荷矩阵；

ξ——外生潜变量；

η——内生潜变量；

Γ——外生潜变量的系数矩阵；

β——内生潜变量的系数矩阵；

ζ——为残差向量；

ε、δ——为测量误差向量。

农户个体层面的社会资本与林业碳汇项目开发情况所涉及的潜变量与观测变量、潜变量之间的路径关系设定如图4-2所示。

4.3.2 模型拟合检验

(1) 信度、效度检验

本研究采用克隆巴赫（Cronbach）α 系数验证样本数据的一致性。依据惯例，本研究设定数据信度值标准为0.6，即 α 系数大于0.6即被认为数据一致性通过检验。本研究利用 SPSS 22.0 对数据进行信度检验，得到结果（表4-3）。村域层面的村庄对外联系（X_1），农户个体层面的人际信任

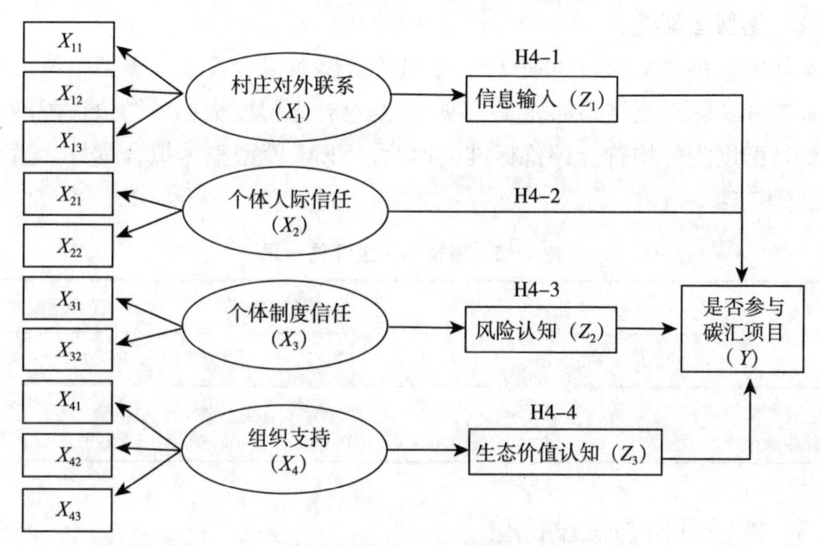

图 4－2　社会资本与林业碳汇项目开发分析框架

（X_2）、制度信任（X_3）和组织支持（X_4）四个维度的变量克隆巴赫系数均大于 0.6，数据一致性较为理想，通过信度检验。

表 4－3　可靠性统计

变量	克隆巴赫系数（α）	项数
X_1	0.837	3
X_2	0.708	2
X_3	0.676	2
X_4	0.855	3

本研究采用 KMO（Kaiser-Meyer-Olkin）和 Bartlett 球形检验进行样本数据效度检验。测量指标数据之间的匹配度与 KMO 值正相关，KMO＝0.6 作为数据效度检验是否通过的临界值。本研究对于各维度社会资本指标数据的效度检验结果如表 4－4 所示。其中，数据总体和不同维度的自变量 KMO 均大于 0.9，数据匹配度较好，适合做因子分析，通过效度检验。

表 4－4　KMO 和 Bartlett 球形检验结果

检验指标	总体	X_1	X_2	X_3	X_4
KMO 统计值	0.903	0.901	0.906	0.912	0.904
Bartlett 球形检验卡方值	5 770.367	1 123.133	656.179	255.577	1 658.254
自由度	91	3	1	1	3
显著性	0.000	0.000	0.000	0.000	0.000

(2) 模型适配检验

本研究利用 AMOS20.0 进行二分因变量模型拟合检验。模型整体适配度评价标准和实际观测结果如表 4-5 所示。绝对适配度指标、增值适配度指标和简约适配度指标均符合评价标准。因此，SEM 模型整体拟合良好，适合建立 SEM 模型。

表 4-5　模型拟合度评估结果

指标	绝对适配度			增值适配度		简约适配度	
	χ^2/df	GFI	RMSEA	NFI	IFI	PGFI	PNFI
评价标准	<3	>0.9	<0.08	>0.9	>0.9	>0.5	>0.5
实际观测值	2.264	0.974	0.043	0.965	0.980	0.606	0.517

4.3.3　路径分析与假设检验

(1) 潜变量与观测变量路径检验

采用固定载荷法，分别将 X_{13}、X_{22}、X_{32} 和 X_{43} 四个观测变量作为同维度下的其他观测变量路径系数的度量标准。结构方程模型输出观测变量与潜变量标准化载荷系数，均在 0.001 水平上通过显著性检验。村庄与政府沟通（X_{13}）、与企业合作（X_{12}）和外出学习（X_{11}）的标准化载荷系数分别为 0.621、0.841 和 0.752，表明村庄对外联系维度上，村庄与企业合作的贡献最大，外出学习次之，与政府沟通第三。其他潜变量和观测变量的分析同理，具体见表 4-6，不再赘述。

表 4-6　模型路径检验结果 1

观测变量	β	潜变量	标准化载荷系数	S. E.	C. R.	P
X_{13}	←	X_1	0.621			
X_{12}	←	X_1	0.841	0.038	16.857	***
X_{11}	←	X_1	0.752	0.049	21.102	***
X_{22}	←	X_2	0.835			
X_{21}	←	X_2	0.861	0.046	22.604	***
X_{32}	←	X_3	0.783			
X_{31}	←	X_3	0.826	0.055	20.574	***
X_{43}	←	X_4	0.839			
X_{42}	←	X_4	0.888	0.034	32.564	***
X_{41}	←	X_4	0.864	0.035	31.116	***

注：*** 表示 P 值小于 0.001。

（2）模型估计与假设检验

表 4－7 和图 4－3 为结构方程路径拟合与检验结果，对原假设分析如下：

表 4－7　模型路径检验结果 2

路径	非标准化系数	S.E.	C.R.	P	标准化系数
$Z_1 \leftarrow X_1$	0.261	0.046	5.641	***	0.530
$Z_2 \leftarrow X_3$	−0.177	0.034	−5.247	0.009	−0.440
$Z_3 \leftarrow X_4$	0.167	0.033	−5.024	0.015	0.492
$Y \leftarrow X_2$	0.261	0.046	5.641	0.037	0.225
$Y \leftarrow Z_3$	0.177	0.034	5.247	0.051	0.185
$Y \leftarrow Z_2$	−0.167	0.033	−5.024	***	−0.172
$Y \leftarrow Z_1$	0.172	0.031	5.550	***	0.190

注：*** 表示 P 值小于 0.001。

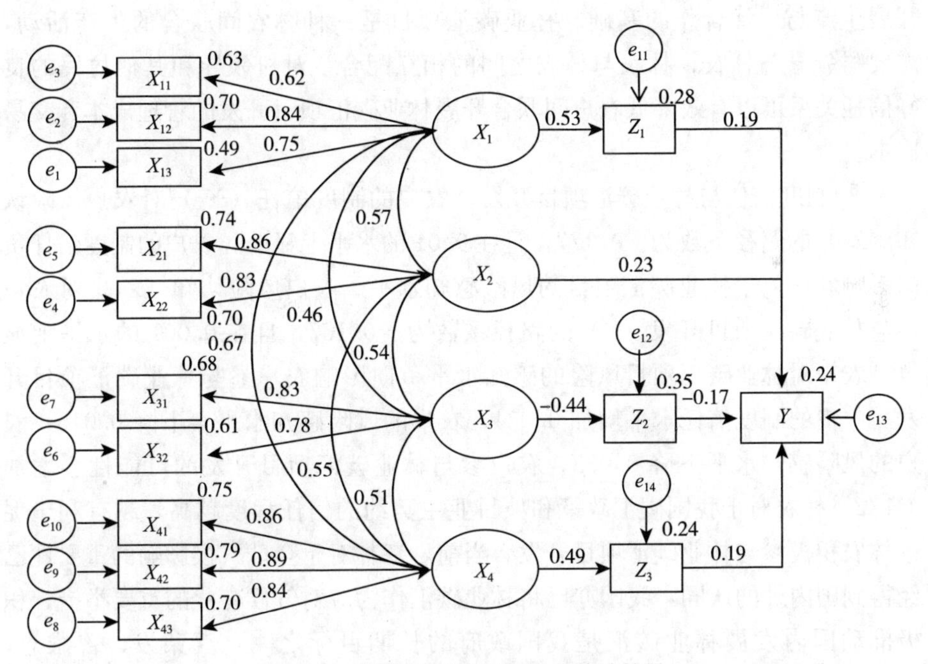

图 4－3　模型路径分析标准化估计结果

① 村庄对外联系与林业碳汇项目开发。农户所在村庄对外联系（X_1）情况对村庄农户获取林业碳汇信息（Z_1）的路径系数为 0.261，且在 0.001 的水平上显著，村庄对外联系情况正向影响林农获取林业碳汇信息。农户获取林业碳汇信息（Z_1）对农户参与林业碳汇项目开发（Y）的路径系数为 0.172，且

在0.001的水平上显著，农户获取林业碳汇信息正向影响农户参与林业碳汇项目开发。村庄对外联系程度增加0.046，农户获取林业碳汇信息得分可以增加0.017；农户获取林业碳汇信息得分增加0.333，农户参与林业碳汇开发的可能性会增加0.190。农户所在村庄与外界林业组织、专业人才和政府林业部门联系的增加，可以促进林农参与林业碳汇项目开发。造成这种情况的主要原因是村庄和农户对林业碳汇信息和项目开发资源的获取，主要依赖于林业组织、专业人才和政府林业部门三个途径。

②人际信任与林业碳汇项目开发。林农的人际信任（X_2）对其是否参与林业碳汇项目开发变量的路径系数为0.177，且在0.05的水平上显著，说明林农的个体人际信任正向促进林农积极参与林业碳汇项目开发。农户对村领导和邻里的信任程度增加0.046，农户积极参与林业碳汇项目开发的可能性会增加0.225。林农对于村领导和其他村民的信任程度越高，越有利于促进林农积极参与林业碳汇项目开发。作为典型的关系型社会，信任是农户间开展生产与生活合作的基础。林业碳汇项目是一种林农间联合的生产活动，需要村领导与林农、林农与林农之间的相互配合，对村领导和其他村民的良好信任关系可以有效降低农户间联合开展林业碳汇项目开发的管理成本和交易成本。

③ 制度信任与林业碳汇项目开发。农户的制度信任（X_3）对农户风险认知（Z_2）的路径系数为－0.177，且在0.01的水平上显著，农户的制度信任负向影响农户关于林业碳汇项目的风险感知水平。农户风险认知（Z_2）对农户参与林业碳汇项目开发（Y）的路径系数为－0.167，且在0.001的水平上显著，农户对林业碳汇项目风险的感知水平负向影响农户参与林业碳汇项目开发。农户的制度信任水平增加0.034，农户的风险感知水平会下降0.015；农户的风险感知水平下降0.033，农户参与林业碳汇项目开发的可能性会增加0.172。林农对于我国碳汇政策和项目业主契约的信任程度越高，越有利于促进林农积极参与林业碳汇项目开发。当前，森林对于全球气候影响的重要性已经得到国内外的认同，我国亦已将林业碳汇作为应对气候变化的重要举措，积极推动国内发展林业碳汇是我国政府的长期目标之一（龚荣发、曾维忠，2018）。促使林农相信我国关于碳市场及林业碳汇政策的长期稳定性，相信政策对林农权益的保障，会降低农户出于风险规避心理而不参与林业碳汇项目开发。在林农与碳汇项目开发商的合作契约中，增加政府监管力度，确保农户权益得到保障，可以增加农户对于合作契约的信任程度，有利于促进林农积极参与林业碳汇项目开发。

④ 组织支持与林业碳汇项目开发。组织支持（X_4）对农户关于森林生态价值水平认知（Z_3）的路径系数为0.167，且在0.05的水平上显著，组织支持正向影响农户关于森林生态价值水平认知。农户关于森林生态价值水平认知（Z_3）对农户参与林业碳汇项目开发（Y）的路径系数为0.177，在接近0.05的水平上显著，农户关于森林生态价值水平认知正向影响农户参与林业碳汇项目开发。组织支持增加0.033，农户对森林生态价值水平认知会增加0.017；农户对森林生态价值水平认知增加0.034，农户参与林业碳汇项目开发的可能性会增加0.185。村组织对于开发林业碳汇项目给予林农的工具性支持越多，在日常生产和生活中给予的情感支持越多，越有利于促进林农积极参与林业碳汇项目开发。对于林农而言，林业碳汇属于新生事物。我国集体林区，尤其是小规模农户，由于生产规模小，抗风险能力差，往往天然具有回避新型生产方式的倾向（朱臻等，2016）。村组织向农户传达足够的林业碳汇信息是消除林农疑虑的有效途径。村组织向林农积极传达林业碳汇项目的生态意义，增加林农对林业碳汇项目生态价值的认知，都有利于促进农户积极参与林业碳汇项目。村组织在日常生活中增加对困难农户的帮扶，有利于林农形成与村组织相一致的价值认同，积极参与林业碳汇项目开发。

⑤ 中介效应分析。对 X_1、X_3 和 X_4 与 Y 进行间接效应检验，结果见表4-8，置信区间均不包含0，且双尾检验均在0.001的统计水平上显著。可以得到如下结论：在95%的显著水平上，村庄对外联系通过农户信息获取变量间接影响农户参与林业碳汇项目开发；农户制度信任通过农户对林业碳汇项目风险感知变量间接影响农户参与林业碳汇项目开发；组织支持通过农户对森林生态价值水平认知变量间接影响农户参与林业碳汇项目开发。原假设H4-1、H4-2、H4-3和H4-4全部得到验证。

表4-8　中介效应检验

	点估计值	95%Bias Corrected CI		Tow-Tailed *Sig*
		下限	上限	
X_1-Y	0.101	0.069	0.156	***
X_3-Y	0.076	0.042	0.116	***
X_4-Y	0.091	0.051	0.131	***

注：*** 表示数值小于0.001

4.4 本章小结

本章对CCER林业碳汇项目参与农户和非参与农户的社会资本进行对比分析，利用结构方程模型分析农户参与林业碳汇项目开发行为与村域层面社会资本、村庄内部结构性社会资本之间的关系，得到以下结论：①村域层面的村庄对外联系是影响集体林开发林业碳汇项目的基础性社会因素。村庄对外交流学习、与专业化林业组织合作及与政府林业部门交流是集体林村庄和农户获取林业碳汇信息与项目开发资源的主要途径，增加村庄与这些组织和机构的交流，可以显著促进农户参与林业碳汇项目。②村庄内部结构性社会资本，包括农户的人际信任、制度信任和组织支持三个维度的社会资本，对农户参与林业碳汇项目都具有显著的正向影响。提升农户间的信任程度和农户对村干部的信任程度，可降低林业碳汇项目开发过程中的交易成本和管理成本，促进农户参与集体林业碳汇项目开发。提升农户对林业碳汇政策和对林业企业契约的信任程度，可以降低农户对参与林业碳汇项目的风险感知水平，促进农户参与林业碳汇项目。提升组织对农户的工具性支持和情感性支持，可以帮助农户更加全面地了解林业碳汇项目，增加农户对林业碳汇项目生态价值认知，从情感上认同组织提倡的林业碳汇项目开发行为，从而促进农户参与林业碳汇项目。综上所述，改善乡村社会资本，提升包括村域对外联系、农户人际信任、制度信任和组织支持等维度的社会联系和信任程度，可以作为推动集体林林区发展林业碳汇项目的重要途径。

第5章　社会资本对林业碳汇项目权益分配方式的影响研究

5.1　社会资本影响林业碳汇项目权益分配的理论分析

5.1.1　讨价还价与林业碳汇项目权益分配

(1) 林业碳汇项目权益分配方式

林业碳汇项目涉及的权益分配主要包括林下土地经营权、林木所有权、项目核证减排量的收益权三项。根据第3章CCER林业碳汇项目供给特征分析结果，林农参与林业碳汇项目权益分配的方式主要包括以下四种（表5-1）：

分配方式一。林农将林地经营权全部流转出去，林下土地使用权和林木收益权在合同期内归项目业主所有，项目业主一次性给予林农补偿，林农不参与林木及项目核证减排量产生的收益分配。

分配方式二。林地经营权归属项目业主，林农保留林木所有权，获得林木收益，但不参与项目核证减排量产生的收益分配。

分配方式三。林农保留林地经营权和林木所有权，可以利用林下土地开展林下经济活动，获得全部的林木收益，但不参与项目核证减排量产生的收益分配。

分配方式四。林农保留林地经营权和林木所有权，可以利用林下土地开展林下经济活动，林农获得全部的林木收益，且参与项目核证减排量产生的收益分配。

表5-1　林业碳汇项目权益分配

林业碳汇项目权益分配方式	林农获得的权益类型		
	林下土地经营权	林木所有权	部分项目核证减排量收益权
方式一	×	×	×
方式二	×	√	×
方式三	√	√	×
方式四	√	√	√

注：林农获取该项权益“√”；林农未获取该项权益“×”。

(2) 林业碳汇项目权益分配讨价还价模型

农户议价行为普遍存在于农业生产与市场交易过程中。农产品交易过程中，交易双方针对农产品的成交价格进行谈判，这个谈判的过程也就是一个根据农产品进行讨价还价的博弈过程（朱宁、马骥，2015)；农户在农业 PPP 项目中的收益分配和风险分担也被认为是一个讨价还价过程（罗瑞雪、杨成文，2017；王佳音，2019)。

林业碳汇项目的各项权益主要在林农和项目业主之间进行分配。上述四种林业碳汇项目收益方式，从方式一到方式四，林农在项目中获得的权益类型依次增加。这就意味着项目业主在方式一到方式四的项目权益分配中能够获得的权益类型越来越少。林业碳汇项目权益分配方式是林农与项目业主讨价还价的结果。

林农和项目业主作为独立的经济个体或组织，双方在林业项目权益分配的谈判过程中，均以追求自身利益为前提。林业碳汇项目的整体权益假设为 1，当一方提出自身应该获取的权益为 k 时，另一方获取的项目权益为 $1-k$。面对一方的出价，另一方可以选择接受或不接受，如果接受，双方根据一方提议达成权益分配方案，讨价还价过程结束；如果不接受，拒绝的一方提出新的权益分配方案，对方选择接受或不接受。接受，讨价还价结束；不接受，讨价还价继续，直至找到双方均满意的项目权益分配方案。讨价还价的双方，都有权先出价。

相较于传统林业项目，林业碳汇项目权益构成中增加了项目核证减排量收益。林业碳汇项目核证减排量收益权对于林农而言属于新生事物，多数林农对此并不了解。再加上林业碳汇项目开发过程复杂，对于专业知识要求较高，在通常的谈判过程中都是项目业主首先出价。林农与林业碳汇项目业主之间就项目权益分配方式的谈判过程如图 5-1 所示。

林业碳汇项目权益分配方式一中，林农参与分配的林业碳汇项目权益种类最少。林农与项目业主之间处于信息不对称状态。如果项目业主隐瞒林业碳汇项目开发目的，林农对于林地被开发成林业碳汇项目的信息不知情，那么项目核证减排量收益很难体现在项目业主向林农支付的补偿中。因此，为了避免谈判失败，项目业主初次最低出价应该是不包含项目核证减排收益的、与相邻区域传统林地流转价格相似的林地转出补偿价格。如果林农拒绝项目业主开出的最低价格后，必然会要求增加自身的项目权益。农户最终获得的林业碳汇项目权益，取决于农户在此过程中的讨价还价能力。讨价还价能力越强，农户可能得到的项目权益越多；反之，农户可能得到的项目权益越少。从林业碳汇项目权益分配方式一至方式四，是林农讨价还价能力不断增强的谈判结果。

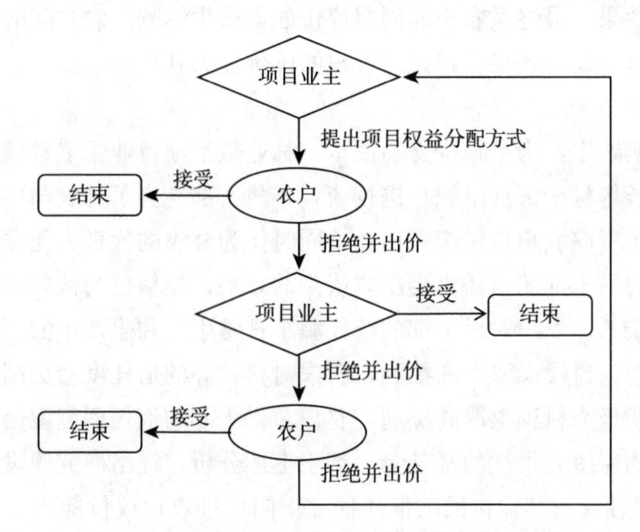

图5-1　林业碳汇项目权益分配讨价还价过程

5.1.2　社会资本与林农讨价还价能力

(1) 地位的对称性与讨价还价能力

市场主体地位的对称性通常是指交易或谈判双方在规模、品牌等市场地位方面的对等程度。双方地位对等，则其地位是对称的，否则称为地位的非对称性。谈判双方地位的对称性通常被作为谈判博弈模型中的重要参数（王佳音，2019）进行讨论和处理，地位的对称性状态是影响讨价还价过程和讨价还价结果的重要因素之一。地位的对称性内嵌于行为主体的经营过程中，是其固有讨价还价能力的表达之一，谈判双方地位处于优势的一方被认为拥有更高的固有讨价还价能力（郑可，2009；唐姣，2012）。

单个林农或农户，尤其是小规模农户，与项目业主之间处于显然的非对称且悬殊状态。该状态下的双方固有议价能力对比强烈。但是随着农户间关系状态的变化，农户与项目业主间的固有议价能力对比会得到改善。首先，林业碳汇项目开发过程中涉及农户数量较多，项目业主需要与所有林农达成一致协议。在这一过程中，农户联合行动更容易提升农户的固有议价能力，因为联合后的林地规模会大幅度增加，农户与项目业主的地位会趋于对称性变化。农户间联合的方式是多样性的，可以是私下的口头商议，也可以通过书面协议达成联合行动，更高级的形式是通过农村合作组织统一行动。但无论何种形式的联合行动，农户间的信任程度都会直接影响农户间的沟通效果，影响联合行动的效果，最终对农户的固有议价能力产生影响。农户间的信任程度越高，农户联合行动的效果就越好，农户的议价能力就越高；反之，农户的议价能力越低。

在经营实践中，为了减少交易成本，林业碳汇项目业主多数情况会选择与村委会、村长等村干部（组织）进行谈判，村干部充当了林农与项目业主间的中介桥梁，负责向农户传递谈判信息，同时作为林农的代理人与项目业主进行谈判。农户对村干部的信任也会影响谈判的效果，但信任与谈判结果之间的关系可能是复杂的。农户对村干部的信任源于日常生活和生产中的了解，村干部在过往行动中为村民谋取了高福利，农户对村领导的信任度会更高；如果村干部过去没有积极为村民谋取高福利，农户对村干部的信任程度就会较低。在基于村干部行为保持一贯性的基础上，基于上述分析，提出研究假设：

H5-1：林农对其他村民的信任程度正向促进农户议价能力的提升，进而正向影响林农获取更多的林业碳汇项目权益内容。

H5-2：林农对村干部的信任程度正向促进农户议价能力的提升，进而正向影响林农获取更多的林业碳汇项目权益内容。

（2）信息获取能力与讨价还价能力

信息不对称是现实经济运行中的普遍现象。根据 Leap 和 Grigsby（1986）的议价能力影响因素构成理论，谈判方掌握的信息作为议价能力的转化因素，可以转化为谈判者的固有议价能力。谈判过程中，双方掌握的信息内容、信息结构都是实际讨价还价能力的体现，会对谈判过程和谈判结果产生重要影响（刘博、刘天军，2014；朱宁、马冀，2015；吴笑晗、孟巍，2019）。因此，在林农与项目业主就林业碳汇项目权益分配问题的谈判过程中，农户获取相关信息的能力成为影响农户议价能力、议价过程和议价结果的关键因素。

与传统林业生产相比，林业碳汇项目的成本和收益都发生了较大变化。相较于传统林业生产，林业碳汇项目成本增加了碳汇测量成本、项目审定和备案成本、监管成本等多个成本项目；收益的增加主要来自项目核证减排量在碳市场交易而产生的收益。林农对项目开发目的、林业碳汇项目成本和收益信息的掌握是其主张林业碳汇项目权益分配的基础。林业碳汇项目的相关信息向村域层面的传播，主要通过专业组织、专业人才和政府相关部门对相关信息的推广。农村与外界专业机构或专业人才的联系越多，林业碳汇的信息获取能力越强。政府组织在林业碳汇信息输入过程中给予的支持越多，推广力度越大，林农获取林业碳汇信息的能力也越强。基于上述分析，提出研究假设：

H5-3：农村与外界林业组织的联系程度正向影响林农信息获取能力，进而正向影响林农获取更多的林业碳汇项目内容。

H5-4：组织工具支持可以正向影响林农信息获取能力，进而正向影响林农获取更多的林业碳汇项目内容。

(3) 风险感知与权益取舍

对农户而言，林业碳汇项目中的林地经营权、林木归属权和项目核证减排量收益权均属于远期权益，不能增加农户的当期收益，农户放弃上述权益即意味着其可以获得更多的当期补偿。因此，从这个角度而言，林业碳汇项目权益分类方式也反映了农户在当期利益和远期利益间的取舍。第4章研究结论之一为：农户对林业碳汇政策的信任程度负向影响农户对参与项目的风险感知水平。农户对项目未来的风险感知水平越低，越有助于其选择远期利益，农户对项目未来的风险感知水平越高，越促使其选择当期利益。因此，提出研究假设：

H5-5：农户对林业碳汇政策的信任程度越高，越有助于其获得更多的林业碳汇项目权益内容。

5.2 变量选择与数据特征

5.2.1 被解释变量：林业碳汇项目权益分配方式

根据林农在林业碳汇项目中得到的权益种类，林业碳汇项目权益分配方式被分为不同的方式，分别为方式一、方式二、方式三和方式四。本部分将林业碳汇项目权益分配方式（Equity distribution Method）作为被解释变量。参与林业碳汇项目样本总量为678个农户。农户样本覆盖3种林业碳汇项目权益分配方式：方式一、方式三和方式四，上述三种林业碳汇项目权益分配方式分别赋值1，2，3（表5-2）。

表5-2 项目权益分配方式与农户样本分布

项目权益分配方式	赋值	农户数（户）	比例（%）
方式一	1	207	30.53
方式三	2	219	32.30
方式四	3	252	37.17
合计	—	678	100.00

5.2.2 解释变量：社会资本变量

根据对农户讨价还价与林业碳汇项目权益分配方式的理论分析，村域及农户层面的社会资本通过影响农户的讨价还价能力进而影响林业碳汇项目权益的分配方式。社会资本对林业碳汇项目权益分配方式的影响主要体现在农户与外界联系、农户个体信任和组织工具支持三个维度。本部分根据理论分析机理，利用第4章农户社会资本的测量维度和测量指标，构建集体林碳汇项目权益分配方式的解释变量指标。表5-3列出了本部分研究设置的被解释变量和解释变量指标的描述性统计结果。

表5-3 解释变量和被解释变量的描述性统计结果

变量	测度指标	符号	取值范围	均值	标准误
被解释变量：					
项目权益分配方式	林农获得的权益类型	Ed—type	1，2，3	2.07	0.82
解释变量：					
村域对外联系	村庄近3年派出学习或考察的次数	V—study	0，1，2，3，4	3.09	0.80
	村庄近5年与林业企业或组织合作开展活动的次数	B—Cooperation	0，1，2，3，4	3.01	0.90
	村庄近5年从政府部门了解林业生产或经营的情况	G—cooperation	0，1，2，3	2.09	0.83
个体人际信任	对村支书的信任程度	L—trust	1，2，3，4，5	3.24	1.25
	对邻里的信任程度	N—trust	1，2，3，4，5	3.03	1.49
个体制度信任	对林业碳汇政策的信任程度	P—trust	1，2，3，4，5	3.98	1.03
	对项目契约的信任程度	C—trust	1，2，3，4，5	3.23	0.96
组织工具支持	组织传达的碳汇市场信息数量	M—support	1，2，3，4	3.01	0.91
	组织对森林生态功能的宣传	E—support	1，2，3，4	2.94	0.93
	组织对农户生活上的帮助	L—support	1，2，3，4	2.86	0.95

5.2.3 控制变量：农户特征

为了尽可能减少随机项对实证过程的影响，本研究设置控制变量。林业碳汇项目权益分配方式的差异，可以被看作是农户对林地利用方式的差别，无论这种差别来自自愿选择还是被动选择。沈月琴等（2010）和申津羽等（2014）的研究表明农户的人力、物质等资本特征会影响农户林业经营行为和决策。因此，本部分将农户的个体属性、家庭特征、林地资源等特征作为控制变量纳入实证研究。借鉴前人研究结果，本研究选取部分农户特征和生产特征变量作为控制变量，详见表5-4。

表5-4　控制变量构成与描述

控制变量	测度指标	符号	赋值	均值	标准误
农户特征	户主受教育水平	Edu	小学＝1；初中＝2；高中或中专＝3；大专及以上＝4	2.04	0.74
	家庭劳动力当量	L—equ	单个劳动力当量标准：16～25岁＝1；26～35岁＝2；36～60岁＝3；61～70岁＝2	9.94	2.37
	家庭成员接受培训的次数	Training	0次＝0；1次＝1；2次＝2；3次＝3；大于3次＝4；	2.85	0.94
生产特征	林地面积（公顷）	W—area	连续变量	3.07	2.58
	林地坡度	Slope	陡峭＝1，比较陡＝2，平缓＝3	2.58	0.75
	从事林业生产的年限	P—year	连续变量	20.06	9.36

注a：劳动力：指家庭中年龄大于16岁，具有劳动能力，且从事劳动的家庭成员。
b：家庭劳动力当量是指家庭所有依据年龄划分的单个劳动力当量的和。

5.3　模型设置与实证结果

5.3.1　模型设置

Ordered Probit 模型作为一种非线性概率回归模型，被广泛用于因变量为离散数值，且取值范围大于等于3个数值的回归分析中（李赫扬等，2017；郑志龙、王陶涛，2019）。本部分中的被解释变量为离散型变量，且取值范围为1，2，3，符合 Ordered Probit 模型的适用条件。本部分的研究目的是探讨农户社会资本对集体林碳汇项目权益分配方式的影响。根据前述理论分析，社会资本对林业碳汇项目的影响包括两个层面：村域层面的社会资本，主要是村庄对外联系；村庄内部结构性社会资本。为了充分分析不同层面社会资本对碳汇项目权益分配方式的影响，借鉴韩雅清（2017）的模型对比分析，本研究分层构建多元 Ordered Probit 模型进行对比分析，其策略如下：

（1）将控制变量放入 Ordered Probit，得到基础模型Ⅰ。

（2）在模型Ⅰ的基础上，将村庄对外联系变量纳入，形成模型Ⅱ，用以分析村域层面社会资本对林业碳汇项目权益分配方式的影响。

（3）在模型Ⅱ的基础上，再将村庄内部结构性社会资本，包括个体人际信任、个体制度信任和组织支持三个维度的变量纳入分析，形成模型Ⅲ。

本研究设置的多元 Ordered Probit 模型如下：

模型Ⅰ：$Ed—type* = \beta_1 Conx + \mu_1$ （5-1）

模型Ⅱ：$Ed—type* = \beta_1 Conx + \beta_2 Ext—relation + \mu_2$ （5-2）

模型Ⅲ：$Ed—type* = \beta_1 Conx + \beta_2 Ext—relation + \beta_3 Ind—trust + \beta_4 Pol—trust + \beta_5 Org—support + \mu_3$ （5-3）

在式（5-1）、式（5-2）、式（5-3）中：

$\beta_1 Con_x = \beta_{11} Edu + \beta_{12} L—equ + \beta_{13} Trainning + \beta_{14} W—ear + \beta_{15} Slope + \beta_{16} P—year$

$\beta_2 Ext—relation = \beta_{21} V—study + \beta_{22} B—cooperation + \beta_{23} G—cooperation$

$\beta_3 Ind—trust = \beta_{31} L—trust + \beta_{33} N—trust$

$\beta_4 Pol—trust = \beta_{41} P—trust + \beta_{42} C—trust$

$\beta_5 Org—support = \beta_{51} M—support + \beta_{52} E—support + \beta_{53} L—support$

μ_1、μ_2 和 μ_3 均为参数

在式（5-1）、式（5-2）、式（5-3）中，Ed—type* 为被解释变量的 Ed—type 的潜变量，是不可观测的效用指标。Ed—type 与其潜变量 Ed—type* 的关系如下：

$$\begin{cases} Ed—type* \leqslant r_1, Ed—type = 1 \\ r_1 < Ed—type* \leqslant r_2, Ed—type = 2 \\ Ed—type* > r_3, Ed—type = 3 \end{cases}$$

r_i（i=1，2，3）为待估参数，且 $r_1 < r_2 < r_3$。

在 $\mu_i (i = 1,2,3)$ 服从正态分布的情况下，用 Ø 表示标准正态分布函数，林业碳汇项目权益分配方式 Ed—type 的条件概率分别是：

$$P(Ed—type = 1 \mid X) = P(Ed—type* \leqslant r_1) = Ø_1$$

$$P(Ed—type = 2 \mid X) = P(r_1 < Ed—type* \leqslant r_2) = Ø_2$$

$$P(Ed—type = 3 \mid X) = P(Ed—type* > r_3) = Ø_3$$

5.3.2　实证结果与分析

（1）回归结果

根据前述估计方法，利用 stata15.0 对数据进行相应处理，分别得到模型Ⅰ、模型Ⅱ和模型Ⅲ的回归结果，如表 5-5 所示。随着自变量的增加，模型Ⅰ、模型Ⅱ和模型Ⅲ的 R^2 逐渐增大，整体拟合效果越来越好。比较模型Ⅰ和模型Ⅱ的结果，随着村域对外联系变量的加入，控制变量对于林业碳汇项目权益分配方式的影响逐渐减弱，且模型Ⅱ的结果显示，村域对外联系变量的三个测度指标，包括村庄每年派出学习或考察的次数、村庄与林业企业、组织合作次数和村庄从政府部门了解林业生产或经营的情况对项目权益分配方式的影响均在统计意义上达到99%水平上的正向显著影响。模型Ⅲ将村庄内部结构社会资本变量纳入回归分析后，农户的个体信任、制度信任和组织支持三个维度指标均在不同程度上显著影响项目权益分配方式，且系数全部为正值。从模型Ⅱ和模型Ⅲ的对比来看，村庄内部结构社会资本变量的加入，虽然使得村域对外联系变量的显著性影响有所下降，但从“定性”的结果来看，没有改变村域对外联系变量所包含的三个测度指标的显著性结论。因此，可以得出结论，假设 H5-1、H5-2、H5-3、H5-4 和 H5-5 得到验证，假设成立。

表 5-5　Ordered Probit 模型回归结果

变量	模型 1		模型 2		模型 3	
	系数	$P>\|z\|$	系数	$P>\|z\|$	系数	$P>\|z\|$
Edu	−0.068	0.373	−0.026	0.803	−0.089	0.543
L—equ	0.098***	0.000	0.073**	0.034	0.117*	0.025
Training	0.931***	0.000	0.624***	0.000	0.534***	0.000
W—area	−0.217***	0.000	−0.170***	0.000	−0.120**	0.003
Slope	−0.188**	0.046	−0.020	0.868	0.064	0.716
P—year	−0.013	0.056	−0.005	0.557	−0.022	0.099
V—study	—	—	0.845***	0.000	0.803***	0.000
B—Cooperation	—	—	0.998***	0.000	0.831***	0.000
G—cooperation	—	—	1.119***	0.000	0.944***	0.000
L—trust	—	—	—	—	0.216**	0.005
N—trust	—	—	—	—	0.138*	0.019
P—trust	—	—	—	—	0.533***	0.000

（续）

变量	模型 1		模型 2		模型 3	
	系数	P>|z|	系数	P>|z|	系数	P>|z|
C—trust	—	—	—	—	0.836	0.661
M—support	—	—	—	—	0.633**	0.002
E—support	—	—	—	—	0.546	0.106
L—support	—	—	—	—	0.864	0.373
Number of obs	678		678		678	
Prob>chi^2		0.000		0.000		0.000
Log likelihood		−575.254		−297.672		−135.820
R^2		0.225		0.599		0.817

注：*、**、*** 分别表示在95%、99%、99.9%的水平上显著；本表省略了分析结果中汇报常数项的估计结果。

（2）边际效应分析

Ordered Probit 为概率模型，上述回归结果中的自变量系数并不能真正反映自变量对于项目权益分配方式的影响程度（陈刚、李树，2012），因此，本研究以模型Ⅲ为基础，进一步做了各个社会资本变量的边际效应分析。分析结果见表 5-6 和图 5-2。

表 5-6　社会资本变量边际效应分析结果

变量	1	2	3
V—study	−0.037 9***	−0.014 6***	0.052 5***
(*x*11)	(0.000)	(0.000)	(0.000)
B—Cooperation	−0.039 2***	−0.015 1***	0.054 3***
(*x*12)	(0.000)	(0.000)	(0.000)
G—cooperation	−0.044 5***	−0.017 2***	0.061 7***
(*x*13)	(0.000)	(0.000)	(0.000)
L—trust	−0.010 2**	−0.003 9**	0.014 2**
(*x*21)	(0.006)	(0.003)	(0.003)
N—trust	−0.006 5*	−0.002 5*	0.009 0*
(*x*22)	(0.019)	(0.028)	(0.018)
P—trust	−0.025 2***	−0.009 7***	0.034 9***
(*x*31)	(0.000)	(0.000)	(0.000)

（续）

	1	2	3
C—trust	−0.039 5	−0.015 2	0.054 7
（$x32$）	（0.660）	（0.573）	（0.638）
M—support	−0.029 9**	−0.011 5**	0.041 4**
（$x41$）	（0.002）	（0.001）	（0.001）
E—support	−0.025 8	−0.009 9	0.035 7
（$x42$）	（0.106）	（0.120）	（0.098）
L—support	−0.040 8	−0.015 7	0.056 5
（$x43$）	（0.378）	（0.306）	（0.355）

注：*、**、*** 分别表示在 95%、99%、99.9%的水平上显著；边际效应值括号中的数值是回归系数估计量之稳定性标准差（$P>|z|$）；自变量括号中的 x_{ij} 是该变量在图 5-2 中的对应表示符号。

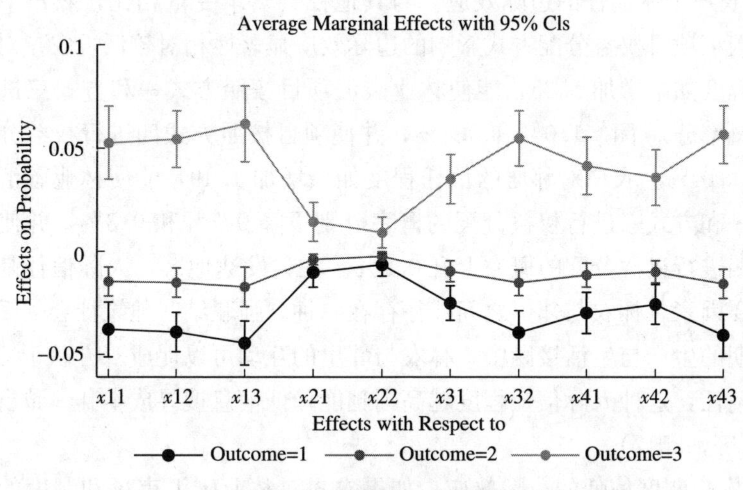

图 5-2　边际效应分析结果

注：x_{ij}对应表 5-6 中的变量符号。

图 5-2 直观显示了社会资本自变量边际效应分析的总体结果：随着项目权益分配方式输出值升高，社会资本自变量边际效应也会逐渐增加，即农户在项目中获得的权益种类越多，社会资本的边际贡献越大。这一结果从整体上说明了社会资本对于林业碳汇项目权益分配方式影响的重要性。

① 村域对外联系的边际效应。村域对外联系显著正向影响农户在碳汇项目中获得的权益种类。具体来说，如果村庄每年对外学习和交流的次数增加一

个标准差（0.8次），能使林业碳汇项目按照方式一和方式三进行权益分配的概率分别下降3.79%和1.46%，并使项目按照方式四进行权益分配的概率上升5.25%。如果村庄与外界林业企业或组织合作的次数增加0.9次，能使林业碳汇项目按照方式一和方式三进行权益分配的概率分别下降3.92%和1.51%，并使项目按照方式四进行权益分配的概率上升5.43%。如果村庄多从政府部门了解林业信息或参加政府部门信息推广活动，能使林业碳汇项目按照方式一和方式三进行权益分配的概率分别下降4.45%和1.72%，并使项目按照方式四进行权益分配的概率上升6.17%。相比对外学习交流和与林业企业合作，村庄与政府的关系对于林农获取更多的林业碳汇项目权益具有更重要的边际贡献。造成这一结果的解释是，在我国碳市场和林业碳汇都是新鲜事物，尚处于试运行和项目推广阶段，政府推广是当前林业碳汇项目发展的重要背景，政府组织在集体林村庄与林业碳汇项目开发业主之间的桥梁作用显著（龚荣发、曾维国，2018）。

② 农户个体信任的边际效应。与其他社会资本变量相比，农户个体信任对林业碳汇项目权益分配方式影响的边际效应显著性相对较低。农户对村干部的信任程度如果增加1.25，能使林业碳汇项目按照方式一和方式三进行权益分配的概率分别下降1.0%和0.4%，并使项目按照方式四进行权益分配的概率上升0.14%。农户对邻居的信任程度如果增加1.49，能使林业碳汇项目按照方式一和方式三进行权益分配的概率分别下降0.7%和0.3%，并使项目按照方式四进行权益分配的概率上升0.9%。在欠发达地区，人际信任是促进合作的重要因素。林农与邻里之间往往存在一种“强联结”地缘社会关系，在与邻里长期的生产与生活接触中，林农与邻里的互动可以促成双方基于情感认同的人际信任，这种人际信任程度越高则越能降低信息搜寻成本和一致行动成本（韩雅清等，2017）。

③ 农户制度信任的边际效应。如果农户对林业碳汇市场和制度的信任程度增加1.03，能使林业碳汇项目按照方式一和方式三进行权益分配的概率分别下降2.52%和0.97%，并使项目按照方式四进行权益分配的概率上升3.49%。农户对合作项目契约的信任程度增加0.96，能使林业碳汇项目按照方式一和方式三进行权益分配的概率分别下降3.95%和1.52%，并使项目按照方式四进行权益分配的概率上升5.74%。林业碳汇项目属于新型林地经营方式，林农普遍对其可能产生的风险和不确定性持谨慎态度，若林农对碳汇政策信任程度较高，会增强其对林业碳汇经营前景看好，林农可能会适当放弃当期权益，争取项目核证减排量收益的长期收益。而如果林农对于项目合作契约

不信任，则不利于林农与项目业主的长期合作，此时，林农往往更加看重当前利益，而放弃不确定性较大的未来项目核证减排量收益。

④ 组织支持的边际效应。村组织向农户传递的林业碳汇信息如果增加0.91，能使林业碳汇项目按照方式一和方式三进行权益分配的概率分别下降2.99%和1.159%，并使项目按照方式四进行权益分配的概率上升4.14%。如果村组织向农户宣传森林生态功能增加0.93，能使林业碳汇项目按照方式一和方式三进行权益分配的概率分别下降2.58%和0.99%，并使项目按照方式四进行权益分配的概率上升3.57%。村组织向农户传达相关的林业碳汇信息和森林生态服务功能，有助于农户更加了解林业碳汇项目，增强农户对于林业碳汇项目的长远利益信心，促使农户更愿意获取项目核证减排量形成的长、远期收益。

5.4　本章小结

根据林农在碳汇项目中获得的权益种类多少对林业碳汇项目权益分配方式进行分类。林业碳汇项目权益分配方式可以被视为林农与项目业主讨价还价的结果。在林农与项目业主谈判的过程中，村域层面的社会资本，主要指村庄对外联系，和农户层面的个体信任、政策信任和组织工具性支持通过影响信息的对称性和议价地位的对等性，进而正向影响农户与项目业主的谈判结果。运用Ordered Probit模型通过对比分析，验证村庄对外联系、农户个体信任、政策信任和组织工具性支持等变量均在不同程度上显著正向影响林农在林业碳汇项目中获得的权益种类。上述社会资本变量，除农户个体信任因素外，其他社会资本因素对农户获取林业碳汇项目权益种类的边际贡献均在高水平呈现显著影响。农户对村领导和邻里的信任程度在相对较低的显著水平影响林业碳汇项目权益分配方式。综上所述，改善乡村社会资本，提升包括村域对外联系、农户人际信任、制度信任和组织支持等维度的社会联系和信任程度，可以作为促进农户在林业碳汇项目中获利的途径。

第6章　参与林业碳汇项目对林农生计资本和生计策略的影响研究

根据DFID可持续性生计理论，农户的生计资本及生计策略受环境、制度和组织外部环境等因素影响，农户根据所拥有的生计资本和环境等因素动态地选择和调整生计策略，适应性地改变对生计资本的利用、配置方式及生产活动的种类、比例构成等。农户参与林业碳汇项目，会直接改变对林地、林木等生计资本的利用方式，进而影响农户的生计策略。

6.1　参与林业碳汇项目对农户生计影响的理论分析

6.1.1　参与林业碳汇项目对农户生计资本的分化影响

DFID可持续生计分析框架除了关注传统意义上的收入贫困外，还特别强调了基于农户生计资本发展能力的贫困。农户生计资本存量及配置的合理性，是农户生计途径选择能力、生计结果和应对环境风险的基础（何仁伟等，2017）。可持续生计理论较好地解释了贫困成因的复杂性，被广泛用于农户生计问题的探索（蔡洁等，2017；张银银，2017）。依据DFID可持续生计分析框架，农户生计资本包括自然资本、物质资本、金融资本、人力资本和社会资本。对林农而言，森林是一种重要的生计资本，对农户收入的平等性具有重要影响（Penjani et al.，2009），农户参与森林生态旅游项目对农户生计资本存量的正向影响已经被证实（徐鹏等，2008；王瑾等，2014）。通过对集体性林业项目参与者和非参与者，以及参与者加入项目前后的生计资本对比分析发现，在保障林农林权的前提下，林农参与集体性林业项目有利于农户生计资本的提高（梁义成等，2013；Haiyun Chen et al.，2013）。随着经济的发展和农林生产技术和生产方式的转变，农户生计策略呈现出多样化态势，非农活动比例日益增加（孙博等，2016）。影响农户开展非农业生计活动的因素是多元化的，包括自然因素、经济因素、社会文化因素以及物质资源因素等（Prem，2013）。相比单纯依赖农业生计活动的农户，开展非农业生计活动或兼业型农户的生计资本禀赋更好，贫困程度更低，对自然环境的依赖也较小，具有更强的风险抵抗能力。

在传统林业经营方式下，林地作为林农的生计资本之一，其作用主要体现在两个方面：第一是利用林木等物质产出产生收益；第二是利用林下土地开展林下经济活动产生收益。林农以自家林地参与林业碳汇项目开发，项目林地的经营权、林木所有权和项目减排收益权都会根据林业碳汇项目设计书（PPD）进行重新分配，短期内林农的生计资本会受到以下两个方面的影响：

第一，自然资本减少。林业碳汇项目林地经营权、林木所有权会根据项目设计书重新分配，根据第3章对林业碳汇项目权益分配方式的总结，多数林农在参与林业碳汇项目后，会全部或部分丧失林地经营权和林木所有权。另外，对于贫困地区依赖森林过活的农户而言，枯木落叶仍然是其冬季取暖的重要物资之一，对其生计构成重要影响。但为了项目核证减排量计算的准确性，林业碳汇项目方法学对项目产生的枯枝落叶处理方式进行规定。例如，有的项目设计可以移除林木产生的落叶，有的项目则规定不能移除项目产生的落叶。后一类项目不仅减少了农户的冬季薪柴来源，同时也限制了农户对林下土地的利用。

第二，金融资本增加。农户以自家林地参与林业碳汇项目，可能会全部或部分转让林地经营权、林木所有权，这些转让出去的权益会转化为货币收入，增加金融资本。部分林农在林业碳汇项目中可以获得项目减排量收益，减排量在碳市场交易后，可直接获得货币收入，增加金融资本。

6.1.2　生计资本对农户生计策略的影响

生计策略是人们对生计资本利用的配置和经营活动的选择，包括生产活动、投资策略和再生产选择等（DFID，2000）。农户的生计策略通过一系列生计活动而实现，生计策略可以视为生计活动的集合。在很多研究中，生计策略和生计活动两个概念的内涵是一致的（Babulo et al.，2008）。农户的生计策略是动态的，农户依据个人或家庭拥有的生计资本和外界环境，结合自身的生计目标选择生计活动的开展和实施。农户生计策略转型是增加农户收入、提高农户生活水平的关键，DFID提出的农户生计资本结构已经被学界证实对农户选择生计策略具有显著影响（许汉石等，2012；伍艳，2016；道日娜，2014）。一般情况下，农户会利用不同的生计资本开展多种生计活动，各类生计活动之间、生计活动与生计资本之间相互结合、相互促进，以此实现生计目标，改善生计状况（伍艳，2015）。理性农户以效用最大化为目标，以生计目标和生计输出结果为反馈，在环境和资源的双重约束下，通过配置其生计资本开展或调整各类生计活动组合，努力实现生计输出效用最大化（王娟等，2014）。在以确权到户为目标的集体林权制度改革背景下，林农为了改善生计状况，会结合政策、经济、生态环境等因素，依据自身所拥有的生计资本状况选择最优生计策略，努力实现最大生计输出效用（黎洁等，2010）。林区农户的生计资本是农户选择生计策略的决定性因素，但不同维度的生计资本对林区农户选择生计策略的影响方向和影响程度是不同的（杨扬、李桦，2019）。林农拥有的自然资本、物质资本、人力资本、金融资本和社会资本结构差异对林地的利用方式具有显著影响，其中金融资本要素是改善林农生计的关键（李琳森、张旭锐，2019）。

农户以不同方式参与林业碳汇项目权益分配，项目林权和减排量收益权的分配方式会直接影响农户生计资本中的自然资本和金融资本构成。另外，林业碳汇项目实施周期较长，一般项目周期为 20 年或 30 年，最长的为 60 年。在项目期内，农户不同类型的生计资本之间可以相互转化。农户从林业碳汇项目中得到的权益在短期内直接影响农户的自然资本和金融资本构成，进而引起其他类型生计资本的变化。以林业碳汇项目权益分配方式一中的农户为例，农户将林权，包括林下土地使用权和林木所有权全部转让出去，自然资本减少，金融资本增加。理性农户一般会通过直接或间接增加金融资本、物质资本和人力资本的方式弥补自然资本的损失，以最大程度降低自然资本损失对未来生计可持续性带来的影响（黄建伟、喻洁，2010）。总之，林农参与林业碳汇项目，会在短期和长期内影响农户生计资本结构和生计资本总量，生计资本的变化必然会导致农户调整生计策略以追求生计效用最大化（图 6-1）。

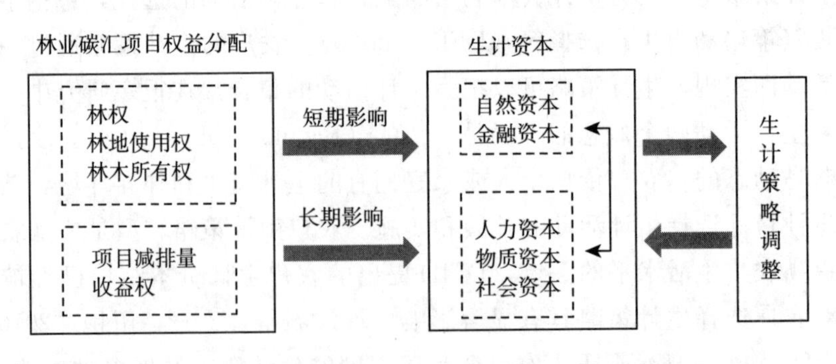

图 6-1　林业碳汇项目对农户生计资本和生计策略的影响机制

6.2　参与林业碳汇项目对农户生计资本影响的实证研究

6.2.1　生计资本指标设置与计算

（1）农户生计资本指标设置

DFID可持续生计分析框架提出农户的生计资本包括自然资本、人力资本、物质资本、金融资本和社会资本五个部分。本研究依据上述生计资本结构设计样本农户的生计资本测量指标体系，具体见表6-1。

表6-1　农户生计资本测量指标

生计资本	测量指标	赋值标准
自然资本（*N*）	耕地面积	＜2亩＝1，2～5亩＝2，6～10亩＝3，＞10亩＝4
	林地面积	1～10亩＝1，11～50亩＝2，51～100亩＝3，＞100亩＝4
	林地坡度	陡峭＝1，比较陡＝2，平缓＝3
	可利用林下土地面积	＜5亩＝1，6～10亩＝2，10～20亩＝3，＞20亩＝4
人力资本（*H*）	劳动力平均受教育水平	小学＝1，初中＝2，高中或中专＝3，大专及以上＝4
	劳动力参加培训的次数	0次＝0，1次＝1，2次＝2，3次＝3，＞3次＝4
	劳动力平均健康状况	差＝1，较差＝2，一般＝3，较好＝4，良好＝5
	农户劳动力当量	6～25岁＝1，26～35岁＝2，36～60岁＝3，61～70岁＝4
物质资本（*P*）	人均住房面积	＜10平方米＝1，10～20平方米＝2，20～30平方米＝3，30～40平方米＝4，＞40平方米＝5
	住房类型	土木房＝1，砖木房＝2，砖瓦房＝3，混凝土房＝4
	交通工具	0TU＝1，0～1TU＝2，＞1TU＝3
	家用电器	＜1.5CU＝1，1.5～3CU＝2，＞3CU＝3
	养殖类产品	0.1万元＝1，0.2万～0.5万元＝2，0.5万～1万元＝3，1万～5万元＝4，＞5万元＝5
金融资本（*F*）	银行存款	没有＝0，存款＜1万元＝1，1万～3万元＝2，3万～5万元＝3，＞5万元＝4
	是否有机构贷款	否＝0，有＝1
	是否有私人借款	否＝0，有＝1
	筹措资金难度	借10万元要多久：筹不到＝1，半个月＝2，一周内＝3，3天内＝4，自家有＝5

（续）

生计资本	测量指标	赋值标准
社会资本（S）	对村支书的信任程度	不信任＝1，少部分信任＝2，一般信任＝3，大部分信任＝4，非常信任＝5
	对邻里的信任程度	不信任＝1，少部分信任＝2，一般信任＝3，大部分信任＝4，非常信任＝5
	组织传达林业生产信息的数量	没有＝1；非常少＝2；一般＝3；比较多＝4；非常多＝5
	组织对农户生活的帮助	没有＝1；非常少＝2；一般＝3；比较多＝4；非常多＝5

注 a：劳动力，指家庭中年龄大于 16 岁，具有劳动能力，且从事劳动的家庭成员。
b：家庭劳动力当量是指家庭所有依据年龄划分的单个劳动力当量的和。

自然资本是指能从中形成有利于生计的资源流和服务或自然资源的储存及环境服务，主要包括人们能够利用和用来维持生计的土地、水和生物等资源。土地资源禀赋被认为是反映农户自然资本的最重要指标，多项研究将农户拥有的耕地和林地面积作为农户自然资本的测量指标（蔡志海，2010；黎洁等，2017）。本部分研究以考察农户参与林业碳汇项目对其生计资本的影响为目标，实施林业碳汇项目所使用土地均为林业用地，不涉及农户耕地。因此，在借鉴前人研究的基础上，结合本项目研究需要，农户可经营的林地面积和林地特征被作为自然资本测量的主要指标。林地坡度会直接影响林业的规模化经营和作业方式，被认为是能够反映林地立地条件的重要特征，借鉴胡辰辉和蒋雪冰（2019）的研究，本研究以林地坡度反映林地的质量特征：林地坡度被划分为陡峭、比较陡和平缓三个等级，分别赋值为 1，2，3。

人力资本指个人所拥有的用于谋生的知识、技能以及劳动能力和健康状况。人力资本及其配置是构建农户可持续生计的核心资本，是推进农户生计转型的关键要素，是影响农户生计策略选择的决定性因素（涂丽，2018）。对于农户人力资本的测量通常包括劳动力的受教育程度、掌握的劳动技能、健康状况、年龄等特征。农户的受教育水平不仅与农民的非农就业、农户收入呈正相关关系（López et al.，2000），农户的受教育水平与农业技术推广效果显著正相关，受教育水平高的农户因为更容易接受和掌握先进农业生产技术，所以可能获得更高的收入水平（马文武等，2019）。农户接受的农业技能和非农技能培训可以分别正向影响农户的农业性收入和非农收入（李实等，2015；李晓楠等，2016）。农民的健康情况在长期内正向影响其劳动生产能力和非农就业机会（Fogel，1994），从而对其农业生产和非农务工收入产生正向影响（俞福丽等，2015；苑会娜，2009)。在农业收入偏低的农村地区，农户的劳动力年龄显著影响劳动力的流向和农户生计策略的选择，城镇和非农领域被认为是农村低收入青壮年劳动力转移的主要方向（彭小辉等，2018)。本研究根据李琳森等（2019）和何仁伟等（2019）的相关研究，选取劳动力受教育年限、参加技能培训的次数、家庭劳动力平均健康状况、农户劳动力当量等指标反映农户的人力资本状况。

物质资本是指通过人类劳动所创造出来的资本，一般指生产资料，不包括消费品。考虑到农户所拥有的住房、汽车等耐用消费品可以通过抵押转化为货币资本，因此物质资本的衡量通常包括房屋、灌溉系统、生产工具和机器等。结合研究需要，借鉴李军龙等（2013）和黎洁（2017）的相关研究，本研究选取住房、交通工具、通信设备和牲畜作为衡量指标。其中，家庭住房通过人均住房面积、住房建筑类型两个方面进行测算，人均住房面积和住房建筑类型的权重各为50%。交通工具用TU（Transportation Units）表示，借鉴段伟的研究成果（2016)，对农户拥有交通工具情况的赋分标准如下：一辆汽车为1TU，一辆拖拉机为0.5TU，一辆摩托车为0.2TU，一辆三轮车为0.1TU。家用电器用CU（Communications Units）表示，根据专家打分，一台计算机为1CU，一台电视机为0.7CU，一部电话为0.5CU，一台冰箱或一台洗衣机为0.3CU。

金融资本通常指用于购买消费品和生产资料的现金以及可以获得的组织贷款或个人借款。金融资本是农户所拥有并能够利用的全部金钱储备，其来源主要包括三个途径：家庭生产性收入、财政补贴性收入和通过不同渠道获得的借款或融资。本研究涉及的农户生产性收入是指农户从事营林或其他农耕生产获取的收入。农户获得贷款的渠道大致可以分为两类：第一类是正规金融机构，主要是农业银行、农村信用社等；第二类是民间融资，即从亲戚、朋友或私人借贷机构借款。贫困地区的农户普遍存在授信基础薄弱、正规金融机构不重视等问题，导致农户很难从正规金融机构获得融资（刘伟等，2018)。为了改善林农融资困难的情况，随着我国集体林林权改革的持续推进，集体林林权承包到户，林权抵押贷款逐渐成为我国林农融资的重要方式之一（吴今等，2019)。本研究的农户主要为林农，以营林为生，从政府获得的补贴主要包括造林补贴、抚育补贴及低保救助等社保补贴。借鉴李琳森等（2019)、柴乐（2017）和吴廷美等（2019）的相关研究，本研究选取银行存款、是否有机构贷款、私人贷款和融资难度四个指标来反映农户的金融资本。

社会资本泛指人们为了追求目标所利用的一切社会资源，主要包括社会关系和社会组织等社会联系。社会个体和组织通过增强彼此间的信任和联系，可以有效降低交易成本，提高集体行动协调度。在对社会资本的普遍研究中，信任、规范和联系是社会资本的主要构成维度（赵雪雁，2012；Lestari and Sirajuddin，2018）。但在农户生计资本的研究范畴下，农户的社会资本度量主要从社会联系角度进行测量，包括家族亲戚关系网、相邻关系网和组织关系网等（黎洁，2017；袁东波，2019）。本研究以考察林业碳汇项目实施对农户社会资本的影响为目标，重点考察农户个体对外联系，借鉴李洁（2018）和李琳森等（2019）的研究，农户生计资本下的社会资本主要包括对邻居的信任程度、家中是否有村干部、春节走动的亲朋户数和每年人情往来支出。

（2）指标的计算

本研究采用熵值法确定农户生计资本指标权重。熵值法是一种客观赋值法，利用各项指标值的变异程度来确定指标权重，相对变化程度越大的指标具有的权重越大，相对变化程度越小的指标具有的权重越小。熵值法有效避免了人为赋值的主观影响，在对农户生计的统计与评价研究中，利用熵值法确定指标权重是普遍的做法（陈相凝等，2017；侯雨峰等，2018；尚婷婷等，2019）。本研究计算农户各类生计资本指标权重的步骤如下：

第一步，对数据进行标准化：

$$X'_{ij} = \frac{X_{ij} - \min(X_{1j}, X_{2j}, \cdots, X_{nj})}{\max(X_{1j}, X_{2j}, \cdots, X_{nj}) - \min(X_{1j}, X_{2j}, \cdots, X_{nj})} + 1 \quad (6-1)$$

在式（6－1）中，X'_{ij} 是第 i 个农户第 j 项指标标准化处理后的值，X_{ij} 是第 i 个农户第 j 项指标的实际值，$\max(X_{1j}, X_{2j}, \cdots, X_{nj})$ 表示第 j 项指标的最大值，$\min(X_{1j}, X_{2j}, \cdots, X_{nj})$ 表示第 j 项指标的最小值。其中 $0 < i \leqslant n, 0 < j \leqslant m$ 。

第二步，计算第 j 项指标下第 i 个方案占该指标的比重。

$$P_{ij} = \frac{X'_{ij}}{\sum_{i=1}^{n} X'_{ij}} (j = 1, 2, \cdots, m) \quad (6-2)$$

第三步，计算第 j 项指标的熵值。

$$e_j = -k \cdot \sum_{i=1}^{n} P_{ij} \ln (P_{ij}) \quad (6-3)$$

其中，e_j 为 j 项指标的信息熵，$0 \leqslant e_j \leqslant 1$ ；k 为常数，$k > 0$ ，令 $k = \frac{1}{\ln m}$ ；ln 为自然对数。对于第 j 项指标，X_{ij} 差异越小，e_j 越大；X_{ij} 差异越大，e_j 越小。

第四步，计算第 j 项指标的差异系数。

$$g_j = 1 - e_j \quad (6-4)$$

g_j 为第 j 项指标的差异系数，对于第 j 项指标，X_{ij} 差异越大，g_j 越大，则该项指标越重要。

第五步，求第 j 项指标的权数。

$$W_j = \frac{g_j}{\sum_{j=1}^{m} g_j}, j = 1,2,\cdots,m \qquad (6-5)$$

利用熵值法处理样本农户各类生计资本指标权重的结果如表6-2所示。

表6-2　生计资本指标权重

生计资本	测量指标	指标权重	生计资本计算公式
自然资本（N）	耕地情况（N_1）	0.69	$0.69N_1+0.31N_2$
	林地情况（N_2）	0.31	
人力资本（H）	劳动力平均受教育水平（H_1）	0.24	$0.24H_1+0.20H_2+0.25H_3+0.31H_4$
	劳动力参加培训的次数（H_2）	0.20	
	劳动力平均健康状况（H_3）	0.25	
	农户劳动力当量（H_4）	0.31	
物质资本（P）	住房情况（P_1）	0.39	$0.39P_1+0.19P_2+0.18P_3+0.24P_4$
	交通工具（P_2）	0.19	
	家用电器（P_3）	0.18	
	种/养殖类产品（P_4）	0.24	
金融资本（F）	银行存款（F_1）	0.47	$0.47F_1+0.18F_2+0.24F_3+0.11F_4$
	是否有机构贷款（F_2）	0.18	
	是否有私人借款（F_3）	0.24	
	筹措资金难度（F_4）	0.11	
社会资本（S）	对邻里的信任程度（S_1）	0.23	$0.23S_1+0.14S_2+0.28S_3+0.35S_4$
	家中是否有村干部（S_2）	0.14	
	春节走动的亲朋户数（S_3）	0.28	
	每年人情往来支出（S_4）	0.35	

6.2.2　林农生计资本差异分析

对样本农户生计资本指标统计的详细情况见表6-3。总体来看，样本农户生计资本整体呈现出规模有限、整体脆弱的特征。样本农户自然资本薄弱，耕地情况和林地情况得分分别为0.17和0.33。样本农户户均拥有耕地面积为5.50亩，人均耕地面积不足2亩；户均拥有林地45.45亩，但标准误为38.41，不同农户拥有的林地面积差异较大。总体而言，样本农户的自然资本禀赋较少，且质量不高。人力资本测量值在5类生计资本中的得分最高，达到了0.53。这与其他研究的结论相同。林区农户普遍具有较高的人力资本，这也是林区农户从事非农工作较多的主要原因（杨扬、李桦，2019）。人力资本被认为是林区农户实现收入增长和生计模式创新的关键因素（杨云彦、赵峰，2009）。虽然农户人力资本整体得分情况较高，但其中的劳动力平均受教育水平和劳动力参加培训的次数得分仅为0.36和0.42，表明林农的整体文化水平较低，且再学习的情况比较差。劳动力平均受教育水平和劳动力参加培训两个指标在4个人力资本指标中得分最低，意味着林区农户普遍缺乏一种有利于实现生计模式创新的人力资本基础（李琳森、张旭锐，2019）。物质资本是农户生计的重要基础和生活保障，样本农户物质资本中的住房情况均值为0.38，说明多数农户住房条件一般。样本农户的交通工具和家用电器得分为0.21和0.25，整体得分水平不高。住房水平、交通工具和家用电器的丰富程度，是农户生活现代化水平的重要标志，从这三项指标的总体得分情况来看，样本农户距离现代化生活尚有一定的距离。另外，多数样本农户的养殖品仅为少量的鸡、鸭等家禽，多数供给自家需求，价值量不高，因此，养殖和种植的产品价值指标得分仅为0.04。总体而言，绝大多数样本农户的物质资本仅限于维持简单的农业生产和基本生活需求。样本农户金融资本整体得分最低，仅为0.117，其中又属存款指标得分最低，仅为0.035，造成这一结果的主要原因是样本农户收入水平普遍较低，在满足基本的生产和生活费用支出后很难再有结余进行储蓄。样本农户的私人借款得分（0.162）高于机构借款（0.107），农户拥有融资需求后，从私人借贷的情况要多于从金融机构借款。这主要是因为中国乡村是一个人情社会（费孝通，2008），村民间通过长期的生活和生产合作建立了紧密的联系，形成了较为丰富的社会资本，包括较高的人际信任程度，农民容易从亲属或其他村民处借到款项；另外一个原因是，我国农户，尤其是贫困地区的农户，拥有的资产价值较低，很难从银行借到款项。但随着近年来林权抵押贷款、专项惠农贷款等农民贷款模式的推行，这一现象有所改善。样本农户的社会资本整体得分为0.459，且各项指标得分较为均匀，社会资本可以在一定程度上帮助农户规避生计风险。

进一步分析参与组和非参与组的自然资本（N）得分情况。参与组农户的林地情况平均得分小于非参与组。根据理论分析可知，由于林业碳汇项目方法学对于开发方法的要求和限制，两组农户自然资本的主要差异可能应该更多地体现在林地情况上。林地情况的构成包括林地面积、林地坡度和林农可利用的林下土地面积三个指标。因此，进一步考察两组农户在上述三个指标上的得分情况。结果：可利用林下面积指标，参与组平均得分为3.072，非参与组平均得分3.167，双尾T检验结果$P=0.042$，在95%水平上显著；两组农户并未在其余两个指标上表现出显著性差异。因此，可以得出结论，受林业碳汇项目方法学的约束，林业碳汇项目林地的自由利用受到限制，参与组农户的自然资本相对减少。

表6-3 农户生计资本差异

生计资本	全体	参与	非参与	P值
自然资本（N）	0.217	0.225	0.238	0.416
耕地情况（N_1）	0.169	0.168	0.169	0.939
林地情况（N_2）	0.325	0.309	0.341	0.276
人力资本（H）	0.532	0.598	0.470	0.000***
劳动力平均受教育水平（H_1）	0.359	0.371	0.348	0.088
劳动力参加培训的次数（H_2）	0.418	0.712	0.141	0.000***
劳动力平均健康状况（H_3）	0.742	0.776	0.711	0.000***
农户劳动力当量（H_4）	0.571	0.558	0.584	0.002**
物质资本（P）	0.258	0.263	0.253	0.297
住房情况（P_1）	0.383	0.387	0.380	0.598
交通工具（P_2）	0.211	0.213	0.209	0.806
家用电器（P_3）	0.251	0.268	0.234	0.049*
种植/养殖类产品（P_4）	0.040	0.039	0.040	0.832
金融资本（F）	0.117	0.146	0.090	0.000 ***
是否有存款（F_1）	0.035	0.064	0.007	0.000 ***
是否有机构贷款（F_2）	0.107	0.122	0.092	0.063
是否有私人借款（F_3）	0.162	0.181	0.144	0.061
筹措资金难度（F_4）	0.389	0.458	0.325	0.000***
社会资本（S）	0.459	0.486	0.432	0.271
对邻里的信任程度（S_1）	0.306	0.372	0.240	0.003**
家中是否有村干部（S_2）	0.092	0.082	0.101	0.368
春节走动的亲朋户数（S_3）	0.650	0.670	0.629	0.199
每年人情往来支出（S_4）	0.554	0.575	0.533	0.302

注：P值为对参与和非参与组农户生计资本的双尾T检验结果，***、**和*分别表示T分布在99.9%、99%和95%的水平上显著。

根据表6-3，参与组和非参与组农户物质资本（P）中的家用电器指标在95%的水平上呈现出显著差异，参与组农户的家用电器指标平均得分高于非参与组农户。另外，从农户生计资本与农户是否参与林业碳汇项目的关系来看，两组农户的生计资本与物质资本并无显著差别。参与组农户与非参与组农户的人力资本（H）、金融资本（F）和社会资本（S）存在显著差异，显著水平为0.000。人力资本方面，参与组农户与非参与组农户的平均受教育水平没有显著差异，但前者劳动力参加培训的次数显著高于非参与组，显著水平高于99.9%，这意味着参与组农户在农业生产过程中有更多的学习机会和学习意愿，有利于参与组农户收入增长和实现生计模式创新。参与组和非参与组农户的劳动力平均健康状况虽然具有显著差异（显著水平高于99.9%），但两组得分均较高，分别为0.78和0.71。这主要得益于近年来我国推行的农村医保政策，有效改善了农户劳动力的健康状况（于大川等，2019）。参与组和非参与组农户的劳动力当量得分均较高，但参与组得分略低于非参与组，二者得分分别为0.56和0.58，显著水平为99%。金融资本方面，虽然参与组农户与非参与组农户整体得分都较低，但前者显著高于后者，分别为0.15和0.09，显著水平高于99.9%。从金融资本项下各指标的得分情况来看，主要是两组农户在存款水平和筹措资金难度两个指标上的显著差异导致了整体差异的显著性，两个指标的显著差异均达到了99.9%。参与组和非参与组农户获得贷款的情况差异不显著。参与组农户的存款水平显著高于非参与组，其主要原因可能是参与组农户的收入水平要高于非参与组，而这又间接得益于参与组农户的人力资本得分高于非参与组。私人借贷是农户借贷的主要渠道，因此农户的社会联系与人际信任对农户的私人借贷能力会产生重要影响，参与组农户筹措资金的难度显著小于非参与组，主要得益于参与组农户的社会资本显著高于非参与组，显著水平高于99.9%。参与组农户间的人际信任及村组织与农户间的联系都普遍高于非参与组，且显著水平均达到99%，这意味着参与组农户之间结成了更加紧密的生产与生活协作关系，这种更加紧密的社会联系有助于提升农林生产效率（苏慧，2019），具体情形见图6-2。

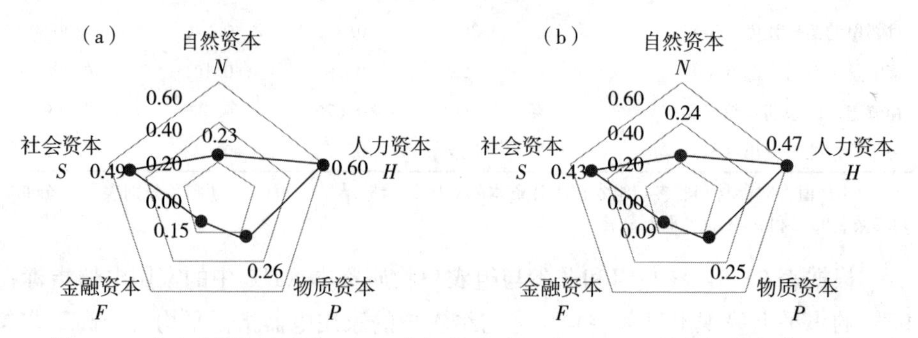

图6-2　农户生计资本分化：(a) 参与林业碳汇项目，(b) 非参与林业碳汇项目

6.3 林农生计策略实证研究

6.3.1 林农生计策略指标的确定与统计特征

农户生计策略通过生计活动实现，是生计活动的集合。关于农户生计活动的测量，并没有统一的方法和规范性指标，多数学者在具体的研究中往往是根据自身的研究目的和项目所在地的生计文化特征来设定农户生计活动的测量指标。关于农户生计策略的划分大致可以分为两类。第一，根据收入来源划分生计策略。农业和非农业是农户生计活动的普遍分类方式，农户收入来源分为农业收入和非农业收入两大类，根据农业收入与非农业收入的比例，农户生计策略被划分为纯农型、农业兼业型、非农业型、非农兼业型和非农型五类（赵文娟等，2016；邝佛缘等，2017；袁东波，2019）。柴乐（2017）根据各类生计活动产生的收入在农户总收入中所占的比重，将我国林区农户的生计策略分为农林业主导性、兼业型、务工主导型和自营工商型，农户生计资本由高到低，分别对应的生计策略是自营工商型、务工主导型、兼业型和农林业主导型。李洁（2018）通过对农户林业收入、非农收入、林业收入占比等更详细的指标划分，将农户生计类型划分为劳动倾向型、过渡型和资本倾向型三类。第二，直接测量农户生计活动，并结合收入来源的方式划分农户生计策略的类型。刘俊等（2019）利用农户每年投入在各项生计活动上的时间，通过计算每个生计活动所占时间比重，再利用农户各项生计收入计算农户收入依赖度，将农户生计活动分为传统务农型、务工型、公职收入型、旅游主营型、其他商贸型、均衡兼收型等六种生计策略。苏宝财（2019）在对茶农生计策略的研究中，根据农户具体的生计活动类型及农户在各项生计活动中获得的收入水平，将农户生计策略划分为种茶、“种茶＋打工”“种茶＋经商”“种茶＋打工＋经商”四类生计策略。无论农户生计活动如何分类，各类生计活动所产生的收入及其在总收入中所占的比重反映了农户对某一生计活动的依赖程度。

本研究涉及区域地理跨度较大，农户具体的生计活动差异较大，根据农户主要谋生途径，将林农生计活动较为宽泛地划分为农业活动、务工活动和兼业活动。依据杨扬（2019）对我国集体林区农户生计策略的研究成果，对农户在各个生计活动中投入的劳动力在全家总劳动力总数中的占比、农户种植业收入、林业收入、养殖业收入、补贴收入、务工收入和兼业收入等7个指标，进行 K -均值聚类分析，根据输出结果，样本农户的生计策略被分为农业主导型、务工主导型和兼业型三种类型，具体数据见表6-4。

表6-4 农户生计策略类型

生计策略	农业主导型	务工主导型	兼业型
农户数（户）	370	924	104
农业收入比例	0.363	0.204	0.310
耕种收入比例	0.117	0.101	0.092
林业收入比例	0.188	0.075	0.096
养殖业收入比例	0.014	0.002	0.095
补贴收入比例	0.045	0.025	0.027
务工收入比例	0.603	0.763	0.122
兼业收入比例	0.034	0.028	0.573
务农劳动力比例	0.782	0.312	0.256
务工劳动力比例	0.136	0.658	0.153
兼业劳动力比例	0.082	0.030	0.591

农业主导型农户为370户，约占样本总量的26.5%。农业主导型农户户均投入务农的劳动力比例为78.2%，通过从事耕、种、养等农业劳动获得的收入，包括农户的耕地和林地补贴性收入，占家庭收入的36.3%，该组农户中的户均务工劳动力比例和户均兼业劳动力比例分别为13.6%和8.2%，农户通过务工和兼业活动分别获取了60.3%和3.4%的收入。务工主导型农户共计924户，占样本总量66.1% 。务工主导型农户通过务工获得收入占家庭总收入的76.3%，该组中的户均务农劳动力比例和兼业劳动力比例分别为31.2%和3.0%，通过务农和兼业活动获取的收入分别占家庭总收入的20.4%和2.8%。兼业型农户数量较少为104户，仅占样本总量的7.4%。兼业型农户户均投入兼业活动的劳动力比例为59.1%，通过兼业活动户均获得收入占家庭总收入的比例为57.3%，该组农户劳动力在务农和务工活动中的投入比例分别为25.6%和15.3%，通过务农和务工获得的收入分别占家庭总收入的31.0%和15.3%。

6.3.2 不同生计策略的农户生计资本比较

表6-5和图6-3显示了不同生计策略类型的农户生计资本的水平与结构，不同生计策略的农户生计资本水平与结构具有较大差异。从不同生计策略

类型的生计资本水平来看，总生计资本的排序是：务工主导型>兼业型>农业主导型。

表6-5　不同生计策略的农户生计资本水平

生计策略	农业主导型		务工主导型		兼业型	
	均值	标准误	均值	标准误	均值	标准误
自然资本 N	0.320	0.126	0.177	0.147	0.209	0.141
人力资本 H	0.329	0.109	0.540	0.117	0.539	0.102
物质资本 P	0.246	0.166	0.317	0.166	0.271	0.212
金融资本 F	0.082	0.113	0.201	0.168	0.136	0.177
社会资本 S	0.449	0.199	0.455	0.191	0.426	0.170
合计	1.426		1.690		1.581	

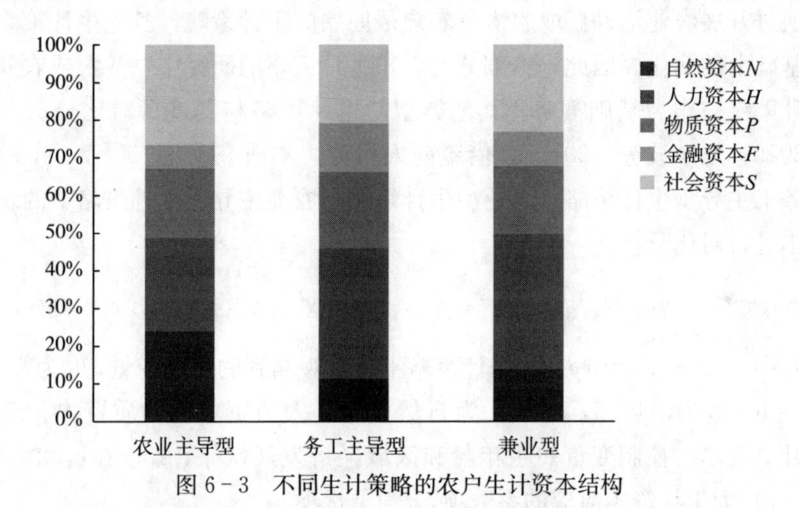

图6-3　不同生计策略的农户生计资本结构

务工主导型生计策略的农户的生计资本以人力资本占比最高，其次为社会资本和物质资本，自然资本和金融资本在生计资本总量中的占比都比较低。与农业主导型和兼业型生计策略相比，务工主导型生计策略中的自然资本占比最低，这是因为务工主导型农户将更多的劳动力资源分配在了务工活动上，无暇经营农业生产，因此将部分耕地、林地等自然资本转出。与其他生计策略类型相比，务工主导型生计策略中的金融资本占比最高，这主要得益于开展务工活动的收入要高于农业生产活动。

农业主导型生计策略的农户的生计资本中社会资本占比最高，其次为自然资本和人力资本，而后为物质资本，最后为金融资本。自然资本是务农型农户开展生计活动的依赖和基础，所以自然资本在务农型生计策略中的占比要高于其他两类生计策略类型。务农型农户的金融资本要远低于务工主导型和兼业型生计策略的农户，这主要还是因为从事农业生产活动获得的收益要低于务工、乡村旅游、自营工商等其他非农业生产活动。除此之外，务农型农户的人力资本和物质资本均低于务工主导型农户和兼业型农户，由此导致其社会资本在农户生计资本总量中所占比例最高。

兼业型生计策略的农户的生计资本结构与务工主导型相近，但自然资本、社会资本占比较高，金融资本占比较低。这主要是因为兼业型农户开展务农活动的比例高于农业主导型，但开展非务农活动的比例低于务工主导型。

6.3.3 农户生计资本对生计策略选择的影响

(1) 模型设置

通过开展农业活动获取收入是农户最原始的生计策略，其他生计策略都是在此基础上的演化。因此，本部分对农户生计策略的研究中，务农或农业主导型生计策略被作为基础策略，其他类型的生计策略与其进行对比分析（杨扬等，2019；袁东波等，2019）。借鉴前人研究，本研究利用二项 Logit 模型分别对务工主导型生计策略、兼业型生计策略与农业主导型生计策略下的农户生计资本进行对比分析。

$$liv—strategy* = \beta_0 + \sum_{i=1}^{n} \beta_i X_i + \varepsilon, (n = 7) \qquad (6-6)$$

其中，$liv—strategy*$ 为生计策略不可被观测到的潜在变量，β_0 为常数项，X_i (i=1，2，3，4，5，6，7）为自然资本、人力资本、物质资本、金融资本、社会资本、控制变量户主年龄和区域经济发展水平，β_i (i=1，2，3，4，5，6，7）为生计资本对应的系数项，ε 为干扰项。

$liv—strategy*$ 的概率分布为：

$$P\ (liv—strategy* \leqslant \mu_m) = \frac{1}{1+e^{-(\beta_0+\sum_{i=1}^{n}\beta_i x_i)}} \qquad (6-7)$$

(2) 结果与分析

本研究在上述 Logit 模型对比分析中，将农业主导型生计策略赋值为 0，务工主导型和兼业型生计策略赋值为 1。利用 sata15.0 分别以农业主导型农户为基准组，对务工主导型农户和兼业型农户进行 Logit 模型回归分析，同时进行边际效应分析，得到表 6-6 的结果。

表6-6　农户生计策略影响因素回归结果

	务工				兼业			
	Logit 回归		边际分析		Logit 回归		边际分析	
	Coef	$P>\|z\|$	dy/dx	$P>\|z\|$	Coef	$P>\|z\|$	dy/dx	$P>\|z\|$
自然资本	−7.905***	0.000	−1.103	0.000	−5.581***	0.000	−0.813	0.000
人力资本	0.955*	0.029	0.133	0.028	0.074	0.958	0.011	0.958
物质资本	0.754*	0.047	0.105	0.046	1.668*	0.012	0.244	0.010
金融资本	6.155***	0.000	0.859	0.000	2.893**	0.001	0.424	0.000
社会资本	1.150	0.473	−0.161	0.472	−0.995	0.240	−0.145	0.236
户主年龄	0.266**	0.003	0.004	0.002	0.080*	0.033	0.001	0.032
区域经济	0.248	0.478	0.035	0.477	0.126	0.794	0.002	0.794
常数项	1.584	0.026			−0.063 8	0.576		
样本量	1 294				474			
LR chi^2	424.020				66.980			
Prob > chi^2	0.000				0.000			
Log likelihood	−562.410				−215.900			
Pseudo R^2	0.274				0.134			

注：*、** 和 *** 分别表示自变量（或控制变量）与因变量在 95%、99%和 99.9%的水平上显著。

相对于农业主导型农户，生计资本对农户生计策略的选择具有较为显著的影响，且对务工主导型农户的影响显著性要略高于兼业型农户。具体分析如下：

自然资本与农户务工主导型和兼业型生计策略的选择都具有 99%水平上的显著负向相关关系。自然资本主要包括农户耕地情况和林地情况，其中包含了对耕地面积、林地面积、林地质量等内容。自然资本是农业生产活动开展的基础，是农业主导型农户赖以生产和生存的基础。务工主导型和兼业型农户在农业生产上投入的劳动力比例要低于农业主导型，因此，会转出部分耕地和林地，投入更多的劳动力在非农业活动上，由此造成了农户自然资本越少，开展务工主导型和兼业型生计策略的概率越高。具体的影响效应如下：农户的自然资本得分增加一个标准差（0.126），其选择务工主导型生计策略的可能性会减少 110.3%，选择兼业型生计策略的可能性会减少 81.3%，且都在 99%的水平上显著。

人力资本与农户选择务农主导型生计策略在95%的水平上具有显著正向相关关系。人力资本是促进农户收入增长和实现生计模式创新的关键因素（杨云彦、赵峰，2009）。相对于从事农业生产，选择务工等其他非农业活动一般需要拥有更多的学历教育水平和再学习机会。另外，因为本研究的调研区域除西宁和湖北地区之外，多为较为偏远的贫困地区，当地务工就业机会较少，农民需要到其他区域进行务工，因此，选择到外地务工的农民往往正值壮年，身体健康状况较为良好。因此，农户人力资本越多，其开展务工活动的概率也越大：农户的人力资本得分增加0.109，其选择务工主导型生计策略的可能性会增加13.3%，且在95%的水平上显著。

物质资本与务工型生计策略、兼业型生计策略都在95%的水平上具有显著正相关关系。物质资本主要包括对农户住房、家用交通工具、家用电器等物质的测量，其反映的是农户生活的现代化水平。农户收入水平高，消费能力高，其住房、交通和家用电器会更加现代化。反之，农户收入水平低，则不具备较高的消费能力。农业生产的劳动边际生产率低于非农业工作，务工主导型农户和兼业型农户开展的非农业活动要多于农业主导型农户，因此，务工主导型农户和兼业型农户的收入水平高于农业主导型农户，其物质资本水平也高于农业主导型农户。物质资本与生计策略选择的关系效应具体如下：农户的物质资本得分增加0.166，其选择务工主导型生计策略的可能性会增加10.3%，选择兼业型生计策略的可能性会增加24.4%，且都在95%的水平上显著。

金融资本分别与务工主导型生计策略、兼业型生计策略在99.9%、99%的水平上具有显著正相关关系。金融资本主要考察农户的存款水平及借贷能力。农户的存款水平一般与收入呈正相关关系，而农户无论从机构还是个人处借贷，其偿还能力都是借款方考虑的重要因素。务工主导型和兼业型农户由于收入水平高于务农为主型农户，存款水平较高，也普遍被认为具有较强的偿还能力。因此，农户的金融资本与务工主导型和兼业型生计策略呈现正相关关系。具体相关效应如下：农户金融资本得分增加0.113，其选择务工主导型生计策略的可能性会增加85.9%，选择兼业型生计策略的可能性会增加42.4%，分别在99.9%和99%的水平上显著。

社会资本与生计策略不具有显著的相关关系。我国乡村农户建立的对外联系网主要依靠血缘和地缘联结，表现为朴素的社会联系（费孝通，2000），这种社会联系并不因为外出务工而减弱，大多数外出务工的农民会在春节期间返乡拜年。因此，不同生计策略下的农户社会资本未表现出显著差异。

户主的年龄与务工主导型生计策略、兼业型生计策略也呈现出正相关关系。本研究调研的户主是在家庭劳动力生产分配决策中起关键作用的家庭成员，一般均为家庭主要劳动力之一。户主年龄较大，往往意味着其有更多的子女，家庭成员更为丰富，家庭人力资本更为丰富，所以更倾向于选择务工型和兼业型生计策略。农户的生计策略选择与区域经济发展水平并未呈现出显著的相关性，这主要是因为随着国内经济的整体增长，包括农民在内的跨区域人员流动越来越多，当地经济不能提供满意的务工工作时，农户会选择外出务工或兼业，不受区域经济发展水平的限制。

6.4　本章小结

农户参与林业碳汇项目，会不同程度地影响农户生计资本，生计资本水平与结构的变化会导致农户生计策略的变化。根据DFID可持续生计分析框架，本研究从自然资本、人力资本、物质资本、金融资本和社会资本五个方面构建农户生计资本指标测量体系，采用农户劳动力在农业活动、务工活动和兼业活动上的分配比例和收入来源比例等指标，利用聚类分析方法将样本农户的生计策略划分为农业主导型、务工主导型和兼业型3个类型，分析农户生计策略与生计资本之间的关系。在上述分析的基础上，得到以下具体结论：①部分参与林业碳汇项目开发的农户全部或部分丧失林地经营权和林木所有权，再加上受林业碳汇项目方法学的约束，林业碳汇项目参与组农户对项目林地的自由利用在一定程度上受到限制，导致参与林业碳汇项目开发的农户自然资本相对减少。②从农户的人力资本比较来看，参与组农户的资本优势主要来自劳动力参加培训学习的次数较多，更多的学习机会和学习意愿，有利于参与组农户参加林业碳汇项目开发这样的创新林业经营模式；参与林业碳汇项目开发可能提高了农户的收入水平，这直接体现为参与组农户存款水平和家用电器指标平均得分均显著高于非参与组。③对农户生计资本与生计策略相关关系的验证结果显示：人力资本、金融资本与务工主导型、兼业型生计策略的选择呈显著正相关关系。参与组农户因为接受更多的培训普遍具有更高的人力资本，这促进了农户参与林业碳汇项目，而参与林业碳汇项目在一定程度上减少了农户的自然资本，削弱了农户对自然资源的依赖，间接促进这些人力资本较高的农户向务工主导型或兼业型生计策略转变，有利于提升农户生计水平。

第7章　参与林业碳汇项目对林农生计结果的影响研究：收入和福祉

农户参与林业碳汇项目会导致农户的生计资本和生计策略的变化，由此会对农户的收入和主观福祉产生何种影响？本章将在上一章研究的基础上，进一步探讨农户参与林业碳汇项目后，不同的林业碳汇项目权益分配方式下农户家庭收入和主观福祉情况。

7.1　参与林业碳汇项目对农户收入和福祉影响的理论分析

7.1.1　参与林业碳汇项目对农户收入影响的理论分析

按照国家统计口径，国内农民收入分为工资性收入、农业生产经营收入、财产性收入和转移性收入。其中，工资性收入主要指务工收入，包括本地务工和外出务工收入；农业生产经营收入是农民通过农产品种植和交易获得的收入；财产性收入包括农户依赖所拥有的动产（主要为金融资产）、不动产获得的收入；转移性收入主要是指政府给予的财政补贴（柯为民，2019）。农户参与林业碳汇项目对其收入的直接影响来自两个方面：林业碳汇项目方法学对于项目经营条件的约束和林业碳汇项目权益分配方式。

不同的林业碳汇项目权益分配方式，可能会对农户的收入结构和收入水平产生不同的影响。

林业碳汇项目权益分配方式一。林农将林地经营权全部流转出去，林下土地使用权和林木收益权在合同期内归项目业主所有，项目业主一次性给予林农补偿，林农不参与林木及项目核证减排量产生的收益。此种方式下，相当于林农将林地流转出去，农户失去的远期收入主要包括利用林下土地开展林下经营而获得收入、出售林木获得的收入。此外，我国实施林业经营补贴政策，针对造林和森林抚育等项目和活动均有一定的补助款项，向森林经营人发放。林农将林地流转出去，放弃林地经营权，即意味着林农放弃政府给予的林业经营补贴。与此同时，林农因为将林地流转出去可以获得地租，即增加由于林地转租而获得其他财产性收入。按照方式一参与林业碳汇项目权益分配，对农户收入的影响与农户转出林地对其收入的影响基本一致。但关于农地转出对农户总的收入水平的影响结果并不确定。一部分学者认为农地流转可以通过农地集约化经营等措施更高效地配置土地资源，缓解农户的贫困状况（Jin and Jayne，2013；Zhang，2008），农地流转对农户收入的影响随着周转期限的推进而增强（许恒周、郭玉燕，2008；洪名勇等，2019），且农地流转对转出土地的农户收入水平具有显著的促进作用，但会降低其人均种植业纯收入（薛凤蕊等，2011）。另一些学者的研究则认为虽然农地流转可以减少由于农地细碎化而导致的生产效率低下问题，但并不能提升农户的收入水平（彭代彦、吴扬杰，2009），甚至对农户总体收入水平具有明显的负向影响（姜松、王钊，2012），尤其不利于转出农户收入水平的提高（Zhang et al.，2018）。因此，并不能确定按照方式一参与林业碳汇项目对农户总收入水平的影响。

林业碳汇项目权益分配方式二。林地经营权归属项目业主，林农保留林木所有权，获得林木收益，但不参与项目核证减排量产生的收益分配。农户将林地经营权流转出去，但保留林木所有权，此种方式会导致农户失去利用林下土地开展林下经营而获取收入的机会，可能会导致其农业生产性收入下降；同时，林下土地使用权的转出，应该会增加农户的财产性收入。此种方式不会影响林木产品导致的林业生产性收入。农户土地转出后，农户生计自然资本减少，会促进农户外出务工活动的增加（袁东波，2019），这一策略的实施可能会有助于其工资性收入增加。因此，农户以方式二参与林业碳汇项目经营，其工资性收入可能增加。

林业碳汇项目权益分配方式四。林农保留林地经营权和林木所有权，可以利用林下土地开展林下经营活动，获得全部的林木收益，但不参与项目核证减排量产生的收益。林农以此种方式参与林业碳汇项目，对其收入产生的影响最小。相较于参与项目前，林农的生计资本结构几乎没有变化，收入来源结构也没有变化。林农参与项目唯一可能对农户收入产生的影响来自林业碳汇项目设计对于森林经营方式的约束。林农以第四种方式参与林业碳汇项目与第三种方式差别不大，仅为农户增加了对于项目核证减排量收益的分配权。农户以第四种方式参与林业碳汇项目所获得的部分核证减排量价值收益，会导致其财产性收入增加，进而促进农户总收入水平的提升。

为了尽可能减少碳泄露和更加准确地核算林业碳汇项目核证减排量。林业碳汇项目方法学对于林业碳汇项目的经营具有相应的规范性要求。以农户参与最为广泛的碳汇造林项目为例，《碳汇造林项目方法学》（AR－CM－001－V01）要求碳汇造林项目必须符合的条件包括：项目活动对土壤的扰动符合水土保持的要求，如沿等高线进行整地、土壤扰动面积比例不超过地表面积的10%，且20年内不重复扰动；项目活动不移除地表枯落物、不移除树根、枯死木及采伐剩余物；项目活动不会造成项目开始前农业活动（作物种植和放牧）的转移。上述一系列的规定会限制农户对于林下土地的利用和农户薪柴资源的获取，进而影响农户的生计策略和收入。无论农户以哪种方式参与林业碳汇项目，相关方法学对于项目经营条件的约束而产生的收入影响应该是普遍存在的。

7.1.2 参与林业碳汇项目对农户福祉影响的理论分析

福祉（Well-being）是一个宽泛的概念范畴，指在一定的文化和价值观规范环境下，个体对生活现状满意程度的全面表达，反映了人类需求被满足的程度，涵盖了人们对财富、教育、健康、安全和环境等环境属性的评价、认知和情感（李鑫远等，2018）。新古典主义经济学的多数研究认为财富收入是决定人类幸福的基础，新古典主义经济学对于福祉的研究侧重于客观福祉的研究，即对人类生活影响较大的财富、教育和健康等客观存在的增加和减少（张苏等，2018）。但在现实生活中，相同收入转化的福祉状态存在较大分化，且人们的幸福感并没有随着收入等客观福祉的提高达到相同高度，以货币层面来评价福祉存在很大的误导性（刘璞，2017）。"幸福悖论"现象使得学者们对人类福祉的关注从客观层面转向主观福祉（Subjective Well-Being，SWB），即个体对所获得的各类自然和社会环境属性的主观评价和想法（布鲁尼、波尔塔，2007）。

面对相同的客观资源供给，不同环境下的个体将这些客观资源转化为福祉的程度存在差异。福祉的多样性和异质性的体现主要取决于个体的异质性、环境的多样性、社会氛围、人际关系和家庭内部分配等因素（Sen，1999）。千年生态系统评估（Millennium Ecosystem Assessment，MA）将福祉理解为维持高质量生活的基本物质需求、健康、社会关系、安全、选择和行动的自由等方面，并认为人类福祉与生态系统服务变化紧密相连，人类福祉是生态系统服务基础上的获利（赵士洞、张永民，2006）。越来越多的相关研究结果显示，生态脆弱区及贫困区域所实施的退耕还林、生态公益林补偿等环境项目和政策，除了有助于生态恢复，还可以帮助农户提升主观福祉（李惠梅等，2013；刘秀丽等，2014）。

林业碳汇项目的实施可以为当地农户提供积极的生态系统服务。千年生态系统评估（Millennium Ecosystem Assessment，MA）认为生态系统的变化会引起人类福祉的变化。具体而言，生态系统服务可以通过提供四个方面的服务来改善人类福祉，分别为：支持服务、供给服务、调节服务和文化服务（赵士洞、张永民，2006），具体见图7-1。数量庞大的人群依赖森林生态系统提供木质和非木质产品及动物蛋白等产品为生，农户依赖森林生态系统获取直接和间接收益，森林生态系统为农户提供了生计“安全网”（冯伟林等，2013）。但因为生态系统服务通常提供间接的收益，导致对生态系统服务认识的不足和测量困难（Myers，1996）。因此，了解林业碳汇项目的实施对农户主观福祉的影响，有助于更加全面客观地了解开发林业碳汇项目对农户生计结果的影响。

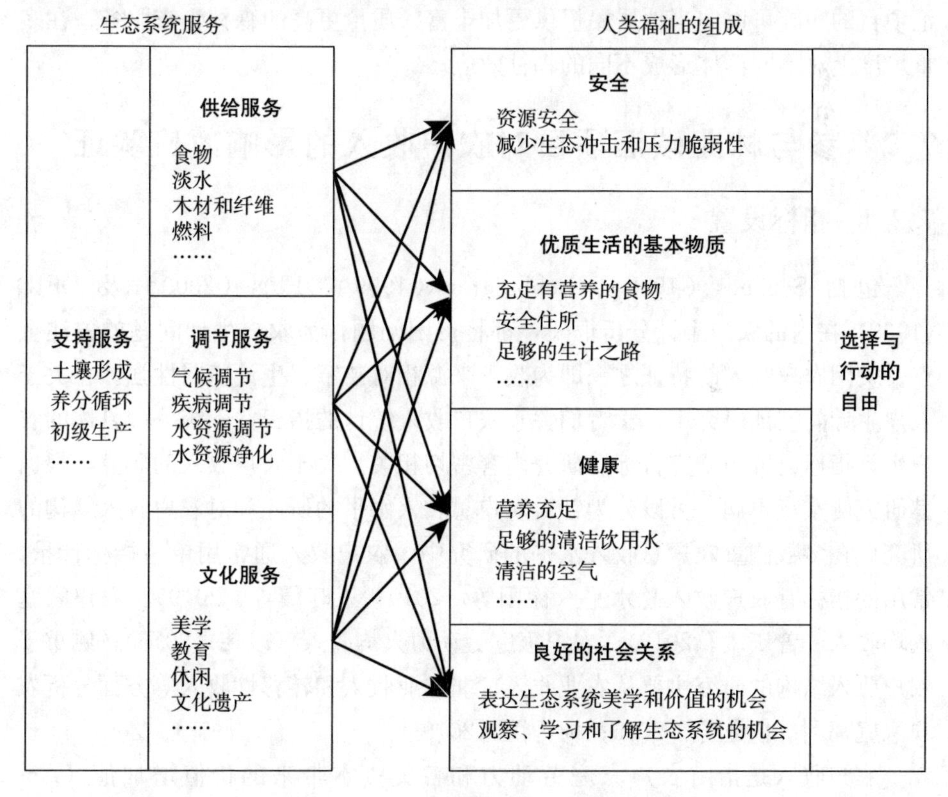

图7-1　生态系统服务与人类福祉

资料来源：千年生态系统评估（赵士洞，2006）

实施林业碳汇项目以增加森林面积、通过增加活立木蓄积实现森林碳汇为主要目标。森林生态系统健康表示该生态系统是活跃的、可维持组织结构的和在压力下能自我恢复的（Costanza et al.，1992；Rapport，1998；任海等，

2000)。林业碳汇项目的实施，包括碳汇造林项目和森林经营碳汇项目，都有助于提升森林生态系统的健康程度。而森林生态系统服务与生态系统健康之间的协同关系早已被证实，即越健康的生态系统会提供越高质量的生态服务（刘焱序，2015)。这意味着林业碳汇项目的实施可以为人类提供更高质量的保育土壤、净化空气、固碳释氧、调节小气候等生态系统服务，促使农户所处的生态环境在一定程度上得到改善。另外，虽然林业碳汇项目都是人工林，但其对生物多样性的保护起到了重要作用。关于人工林对生物多样性保护作用的相关研究已经证实：多数情况下人工林支持的物种多样性并不少于乡土森林植被，人工林已经成为一些稀有、濒危物种的重要庇护所和替代生境（孟庆繁，2006)。森林生态环境的状况与变化与当地居民的福祉是息息相关的，林业碳汇项目的实施可以向当地居民提供更加丰富、质量更高的森林生态服务，在多重尺度上对不同群体形成不同的福祉效应。

7.2 参与林业碳汇项目对农户收入的影响效应验证

7.2.1 指标设置

包括 Scoones（1998)、Bebbington（1999)、Ellis（2000）及 DFID（1999）在内的农户生计分析框架，都将贫困问题作为农户生计问题的关注重点。贫困农户收入的特征之一即为收入来源相对狭窄、生计脆弱性强。在关于农户生计的实证研究中，学者们关于农户收入统计的指标并不统一，具体的农户生计指标设置与研究目标、研究内容密切相关。关于农户收入的研究，根据其研究侧重点不同，可以分为针对农户总收入水平的研究和对农户收入结构的研究。在多数侧重农户总收入水平的研究中，农户收入通常用单一指标计量，常用的指标有农户收入总水平（徐阳等，2019；王旺霞等，2019)、农户家庭人均收入（曾庆敏，2019)、农户家庭劳动力人均收入（段伟，2016)；侧重于农户收入结构的研究主要从农业收入、非农业收入和转移性收入等方面分析农户家庭福利（杨龙等，2015；柯为民，2019)。

农户收入是指由农户家庭劳动力和各类资本带来的价值增加值（Angelsen，2014)。采用 Pen（2007）提出的收入来源调查工具指标设置，本研究从以下 7 个方面测量农户的收入水平：耕种收入、林业收入、养殖业收入、补贴性收入、土地经营性收入、务工收入和其他收入。其中，补贴性收入包括耕地补贴和营林补贴两个指标；其他收入主要是农户的自营工商类收入；总收入等于农户在上述 7 个方面的收入之和。表 7－1 列出了样本农户的整体收入情况。

表7-1 农户收入指标统计特征

单位：元

	均值	标准误	最小值	最大值
种植业收入	4 452	2 100	450	9 522
营林收入	5 014	4 262	100	24 000
耕地补贴	517	251	82	1 400
营林补贴	846	741	20	4 200
养殖收入	758	4 049	0	35 000
土地经营性收入	168	314	0	2 000
务工收入	31 372	4 619	0	43 000
其他收入	343	3 319	0	40 000
总收入	43 379	7 674	26 798	90 050

7.2.2 模型设置

倾向得分匹配（Propensity Score Matching，PSM）是一种反事实推断模型，自1983年被提出后，被广泛地应用于经济学、人口学、社会学等社会科学领域（崔宝玉等，2016）。本部分研究采用倾向得分匹配模型分析参与林业碳汇项目对农户收入的影响，基本思路如下：根据农户是否参与林业碳汇项目开发，将农户分为参与组和非参与组，针对参与组样本 i，找到非参与组样本 j，使得样本 j 和样本 i 的可观测变量（包括农户个体特征、生产特征和区域特征等变量）取值尽可能相似（匹配），即 $x_i = x_j$ 。基于可忽略性假设，认为样本 i 和样本 j 具有可比性。将 y_j 作为 y_{0i} 的估计量，$y_j = \hat{y}_{0i}$ ，$(y_j - y_{0i}) = (y_i - y_j)$ 作为对个体 i 的处理效应度量。参与组中的每个样本都进行如此匹配，然后计算平均处理效应。本研究构建参与林业碳汇项目开发对农户收入的影响效应PSM模型如下：

$$\mathrm{ATT} = E(Y_1 \mid D = 1) - E(Y_0 \mid D = 1) \qquad (7-1)$$

其中，是否参与林业碳汇项目开发用变量 D 来定义：$D=1$ 为处理组（参与组），参与农户的收入水平为 Y_1 ；$D=0$ 为控制组（非参与组），非参与农户的收入水平表示为 Y_0 ；$E(Y_0 \mid D = 1)$ 表示参与组农户在未参与情况下的收入状况，即无法观测的反事实变量。由于本研究所使用的协变量较多，增大了匹配困难，为了避免由于匹配维度过多而导致的样本损失过多情况出现和提高准确性，本研究采用“有放回的一对一匹配”，即选择距离最近（向量规模最小）的1个农户来匹配每一个可观测的农户，且可多次匹配。利用二值型 Logit 模型估计在既定特征条件下农户参与林业碳汇项目的条件概率，记为 $P(X)$，并以此作为匹配依据：

$$P(X)=\frac{\exp(\beta X)}{1+\exp(\beta X)} \tag{7-2}$$

在倾向得分值估计的基础上，样本平均处理效应的计算公式为：

$$\text{ATT}=\frac{1}{N_1}\sum_{i,D_i=1}(y_i-\hat{y}_{0i}) \tag{7-3}$$

其中，$P(X)$ 为倾向得分值，ATT 为处理组（参与组）农户的平均处理效应。

本研究选取农户的自然资本、人力资本、户主从事林业生产时间、林地面积和区域经济发展水平（区域人均 GDP）作为协变量进行匹配。表 7-2 列出了样本农户处理变量和协变量的统计情况。

表 7-2 倾向得分匹配处理变量与协变量

		均值	标准误	最小值	最大值
处理变量：					
是否参与碳汇项目	否=0；是=1	0.485	0.500	0	1
协变量：					
自然资本	连续变量（0～1）	0.217	0.147	0	1
人力资本	连续变量（0～1）	0.532	0.111	0	1
从事林业生产时间	连续变量（年）	20.650	9.249	1	50
林地面积	连续变量（公顷）	3.030	2.561	0.067	14.000
区域经济	农户所在县/市的人均 GDP（万元）	4.201	2.640	2.262	9.868

7.2.3 结果与分析

根据获得的权益种类，农户参与林业碳汇项目的方式被分为四个主要类型，本研究样本覆盖其中的三个类型，分别为方式一、方式三和方式四（具体分类标准见第3章）。为了获得更加准确的分析结果，本研究针对不同类型的参与组农户分别设置了对照组样本。参与组和非参与组样本的选取原则是，两组样本处于同一地级市，且两组样本所在县（市）在2017年的造林规模和人

表 7-3　农户收入倾向得分匹配分析结果

样本	处理效应	农户收入均值（元）（处理组）	农户收入均值（元）（处理组）	差值	标准差	T 检验值	LR chi^2（5）	Prob > chi^2	Log likelihood	Pseudo R^2
参与组农户	匹配前	43 930	42 860	1 070	410	2.61*	15.59	0.008	−960.592	0.181
（全部样本）	ATT	43 904	42 253	1 651	524	3.51*				
参与组农户	匹配前	45 958	46 132	−174	767	−0.23	18.76	0.002	−293.560	0.031
（参与方式一）	ATT	46 007	44 777	1 230	963	1.28				
参与组农户	匹配前	43 422	42 669	753	626	1.20	9.97	0.076	−307.438	0.016
（参与方式三）	ATT	43 511	42 358	1 152	731	1.58				
参与组农户	匹配前	42 706	40 092	2 614	663	3.94*	182.73	0.000	−261.424	0.259
（参与方式四）	ATT	44 850	41 108	3 742	1 091	3.43*				

注：* 表示 *T* 检验支持至少在 95%以上的水平上显著。

表 7-4 农户总收入 PSM 数据平衡性检验结果

		全部农户				参与方式四农户			
		处理组	控制组	标准化偏差（%）	$p>\|t\|$	处理组	控制组	标准化偏差（%）	$p>\|t\|$
自然资源	匹配前	0.218	0.276	−14.90	0.005	0.268	0.307	−13.30	0.134
	ATT	0.215	0.220	141.8	0.294	0.452	0.374	4.20	0.022*
人力资源	匹配前	0.598	0.470	5.10	0.994	0.624	0.472	−23.30	0.009
	ATT	0.573	0.578	−7.10	0.187	0.594	0.602	−8.30	0.004
从事林业生产时间	匹配前	20.056	21.210	−12.50	0.020	19.925	19.652	25.50	0.718
	ATT	20.027	19.678	3.80	0.489	21.760	19.632	3.20	0.027*
林地面积	匹配前	3.074	2.988	3.40	0.531	2.469	2.252	8.30	0.051*
	ATT	3.070	3.007	2.50	0.654	2.481	2.686	−7.90	0.026*
区域经济	匹配前	41 046	42 908	−7.10	0.188	24 470	26 116	−123.70	0.000*
	ATT	40 886	41 567	−2.60	0.625	26 352	26 134	6.40	0.000*

注：* 表示 T 检验支持至少在 95%以上的水平上显著。

均GDP差别不超过10%。各类型对照组农户不存在交叉（样本的选取范围与标准详见绪论部分）。

利用stata15.0分别对全部样本、项目权益分配方式一、方式三和方式四的参与组和对照组（非参与组）样本进行上述倾向得分匹配分析，得到表7-3的结果。

从表7-3可知，对全部样本农户进行的总收入倾向得分匹配结果，匹配前和匹配后的T检验值分别为2.61和3.51，均大于临界值1.96，表现为显著。林业碳汇项目权益分配方式一和方式三组农户总收入倾向得分匹配结果的T检验值，无论是匹配前还是匹配后的ATT，均小于临界值1.96，表现为不显著。权益分配方式四组农户的总收入匹配前和匹配后的T检验值分别为3.94和3.43，均大于临界值1.96，呈显著状态。另外，全部农户和权益分配方式四组农户总收入PSM模型在极大似然比和R^2等指标上的表现均处于可接受范围。因此，根据表7-3的结果可以得到结论：全部农户和以第四种方式参与项目权益分配的农户总收入倾向得分匹配结果具有统计意义上的显著性。

根据表7-3的PSM输出结果，进一步考察全部农户和项目权益分配方式四组农户的PSM匹配结果是否较好地平衡了数据，得到表7-4和图7-2的输出结果。

图7-2（a）直观地显示，全部农户PSM分析中，大多数观测值均在共同取值范围内，未显示匹配过程中样本损失情况的发生。表7-4中全部农户的数据平衡检验结果显示，所有变量匹配后的标准化偏差均小于10%，但所有变量匹配后的T检验结果均为不显著，因此，全部农户的PSM模型数据平衡检验结果较差。

图7-2（b）直观显示，参与方式四组农户的PSM分析中，处理组的部分样本取值不在共同取值范围内，匹配过程中损失部分样本。表7-4中项目权益分配方式四组农户的数据平衡检验结果显示，除户主受教育程度变量外，其余变量匹配后的标准化偏差均小于10%，且这些变量匹配后的T检验结果均在95%或以上的水平上显著，因此，参与方式四组农户的PSM模型数据平衡检验被认为结果较好，参与方式四组农户总收入匹配结果ATT可以被接受，以第四种方式参与项目权益分配的农户总收入平均值比非参与组农户的总收入均值高3 742元。

(a)

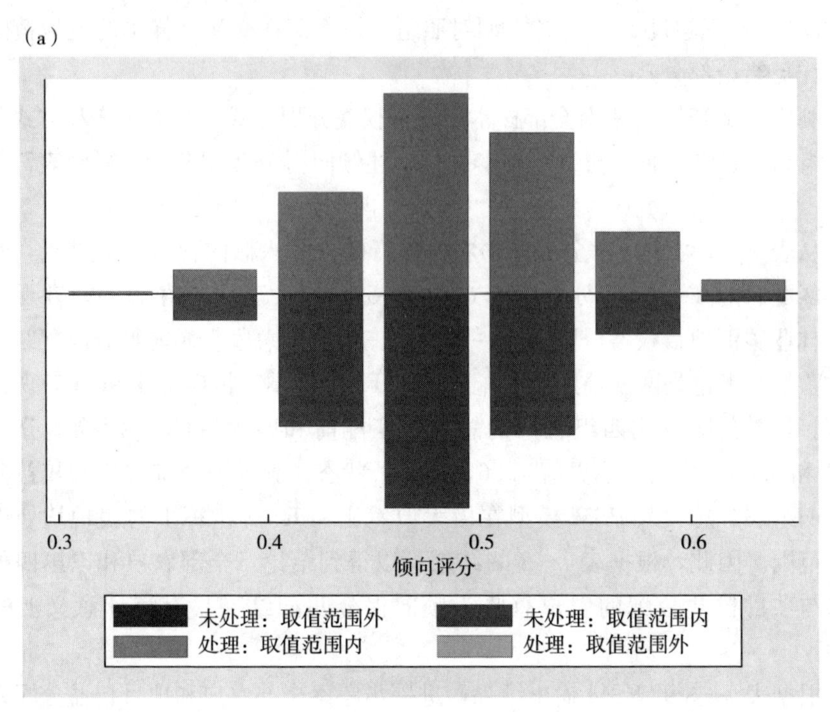

(b)

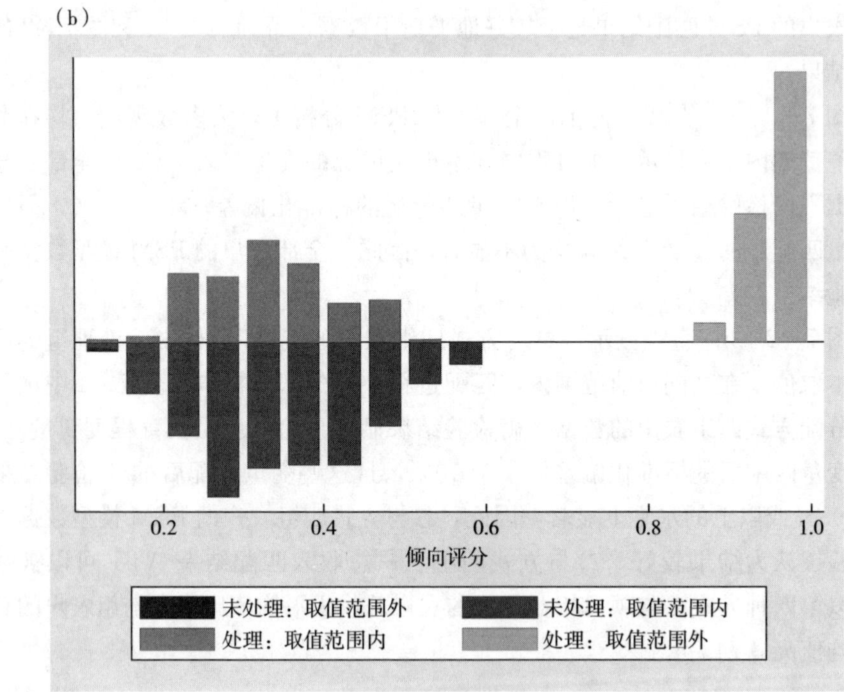

图 7-2　倾向得分的共同取值范围：(a) 全部农户；(b) 参与方式四农户

根据上述分析结果，可以得到如下结论：农户以第一种和第三种方式参与林业碳汇项目权益分配，其总收入水平与非参与组农户不具有显著差异；只有农户以第四种方式参与林业碳汇项目权益分配，农户的总收入均值才显著高于未参与组农户，且参与组农户总收入均值比非参与组高 3 742 元。造成这一结果的原因是，与传统林地经营模式相比，林业碳汇项目增加了项目核证减排量收益，但是林业碳汇项目权益分配方式一和方式三，农户均不参与项目核证减排量收益分配，农户只有以第四种方式参与林业碳汇项目权益分配，才能获得部分项目减排量收益权。另外，第 5 章研究结果已经显示以第四种方式参与林业碳汇项目权益分配的农户，具有更高的社会资本，丰富的社会资本更有利于农户积极学习和引入先进的生产技术（Assoc，2008），有利于农户劳动力向生产效率更高的领域转移，形成多样化的劳动力供给（都阳，2001），这些都可以促进农户获得更高的收入。

7.3 参与林业碳汇项目对农户主观福祉的影响验证

7.3.1 指标设置与数据统计特征

（1）指标设置

主观福祉（Subjective Well-Being，SWB），也称生活幸福感或生活满意度，是指人们对自身目前生活总体质量进行评价的全面肯定度（邢占军，2005），是社会、经济及环境多方面因素共同作用的结果（Wills，2009）。主观福祉是一个多维度的概念，对主观福祉的测量需要从多个维度进行（Graham，2005）。早期对于主观福祉的测量是利用居民对于不同组合生活内容的获取能力来反映其主观福祉（Sen，1981）。随着对主观福祉测量研究的不断深入，生活满意度量表（SWLS）、可持续经济福利指数（ISEW）、个人福祉指数（PWI）、人文发展指数（HDI）、人均 GDP 等测量方法和测量指标被用于居民主观福祉的测量（Wills et al.，2011）。这些主观福祉测量方法从社会、经济、生态等多角度、多层面测量了居民对于当下生活的满意程度，构成了居民主观福祉测度的基础。Petrosillo 等（2013）从可持续发展经营的概念出发，提出从居民资本拥有属性角度出发，结合主观和客观两个方面的指标，分析社会资本及生态资本对居民主观福祉的影响，并构建了相应的居民主观福祉测评指标体系。人类福祉是建立在从生态系统获得各种收益基础之上的，与生态系统服务的关系密切（Millennium Ecosystem Assessment，2005），尤其是大量或直接依赖生态系统资源消耗的贫困地区农户，以生态系统、政策、社会环境等多维测量指标构建农户主观福祉评价体系更为科学（申津羽等，2014）。千年生态系统评估提出的人类福祉应该包含安全、维持高质量的基本物质需求、健康、良好的社会关系、选择与行动的自由五个维度（赵士洞，2006）。

理论分析显示，林业碳汇项目实施与农户关于生态系统的主观福祉相关联，同时由于村庄内部的社会关系具有相关性。因此，本研究以千年生态系统所定义的福祉框架为基础，借鉴申津羽（2014）和袁东波（2019）对主观福祉的测量指标，结合林业碳汇项目对农户福祉的影响机理分析，从生态系统和社会关系两个维度设置农户主观福祉的测量指标，如表 7－5 所示。

表 7－5　农户主观福祉测量指标

测量维度	测量指标	指标赋值说明	均值	标准误
生态系统	对生态环境的满意度	很不满意＝1；较不满意＝2；一般＝3；较满意＝4；很满意＝5	3.673	0.798
	资源收入供给满意度	很不满意＝1；较不满意＝2；一般＝3；较满意＝4；很满意＝5	3.345	0.751
	资源能源食物供给满意度	很不满意＝1；较不满意＝2；一般＝3；较满意＝4；很满意＝5	3.938	0.540
社会关系	与社区邻居关系的满意度	很不满意＝1；较不满意＝2；一般＝3；较满意＝4；很满意＝5	3.207	1.136
	对村干部的满意度	很不满意＝1；较不满意＝2；一般＝3；较满意＝4；很满意＝5	3.18	1.172

（2）农户主观福祉差异

参与林业碳汇项目的农户与非参与组农户主观福祉差异见图 7－3。从生态系统来看，参与组对生态环境的满意度比非参与组农户得分更高，参与林业碳汇项目开发农户中的 63％对生态环境满意，非参与组 55％的农户满意。总体来看，集体林林区农户对生态环境的满意度都比较高。集体林林业碳汇项目基本上都是碳汇造林项目，利用无林地种植林木，增加森林面积，且项目期间不得砍伐，开发林业碳汇项目区域的生态环境因此更好。资源收入供给满意度方面，参与组农户的满意度略高于非参与组农户，但不满意的农户比例都比较高。参与组农户 65％不满意，非参与组农户 66％不满意。农户普遍认为与务工等其他生计活动相比，农、林生产活动收入水平太低，尤其不满意林业的生态效益不能兑现或兑现价值太低。参与林业碳汇项目的农户获得一部分项目核证减排量收益，因此其满意水平略高。资源能源食物供给方面，两组农户的满意水平相当，且满意的农户比例均超过50%，参与组农户50%满意，非参与组51%满意。食物支出在家庭总支出中所占比重相对偏低，所以会出现收入水平偏低，但对食物供给比较满意的情况。

从社会关系来看，样本农户普遍具有良好的邻里关系。参与组66%农户对邻里关系满意，非参与组农户59%满意。在日常生产和生活的互助中，农户之间建立了良好的邻里关系。农户对村干部的满意度要相对较低，参与组55%农户对村干部满意，非参与组农户41%满意。总体来看，参与组农户的社会关系满意度都要高于非参与组。集体林林业碳汇项目开发作为一种农户间的集体生产行为，良好的社会关系更容易促成这种集体行动的实施，集体行动的良好开展又可以促进农户社会关系满意度的提高。

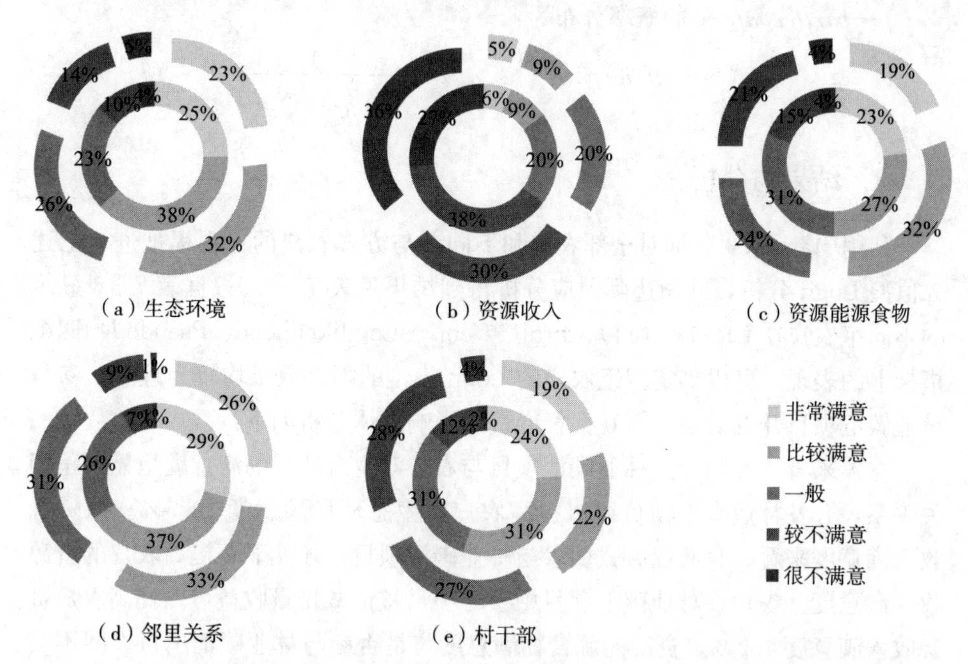

图7-3　林业碳汇项目参与组和非参与组农户主观福祉：（a）生态环境；（b）资源收入；（c）资源能源食物；（d）邻里信任；（e）村干部

注：内圈为参与组农户，外圈为非参与组农户

7.3.2　模型设置

对于因变量为二值离散型变量的数据处理，最常用的方法为Probit和Logit模型。张文彤（2004）认为在解释变量分类较多的情况下，相较于使用Probit模型，采用Logit模型更合适。考虑到本研究涉及的自变量和控制变量

较多，因此，本研究采用二值 Logit 模型分析集体林开发林业碳汇项目对农户主观福祉的影响，具体模型如下：

$$f\text{—}participate* = \beta_0 + \sum_{i=1}^{n} \beta_i X_i + \varepsilon, (n = 11) \qquad (7-4)$$

其中，$f\text{—}participate*$ 为农户是否参与林业碳汇项目开发的不可被观测到的潜在变量，β_0 为常数项，X_i（i=1，2，……，11）为农户生态满意度、资源收入满意度、资源食物供给满意度、与邻里关系满意度、对村领导满意度和6个控制变量：户主年龄、受教育程度、生产年限、林地面积、农户收入和区域经济发展水平，β_i（i=1，2，3，4，5，6，7）为生计资本对应的系数项，ε为干扰项。

$f\text{—}participate*$ 的概率分布为：

$$P(f\text{—}participate* \leqslant \mu_m) = \frac{1}{1+e^{-(\beta_0+\sum_{i=1}^{n}\beta_i x_i)}} \qquad (7-5)$$

7.3.3 结果与分析

利用 stata15.0 分别对全部农户和不同参与方式农户的主观福祉进行上述二值型 Logit 分析，并做边际效应分析得到结果见表 7-6。根据表 7-6 显示的不同组农户在 LR chi^2 (11)、Prob > chi^2、Log likelihood、Pseudo R^2 四个指标上的表现，可以判定四组农户的 Logit 模型的拟合效果均较为理想。参与林业碳汇项目开发对农户主观福祉变量的影响具体分析如下：

总体来看，参与开发林业碳汇项目与农户对生态环境的满意度呈显著正相关关系，开发林业碳汇项目可以提高农户对生态环境满意度 19.5%。从资源收入满意度来看，只有以方式四参与林业碳汇项目，才能显著提高农户的资源收入满意度。农户在林业碳汇项目中参与项目核证减排量收益可以提高农户资源收入满意度 4.2%。资源能源食物满意度与是否参与林业碳汇项目之间不具有显著的相关关系，这是因为农户的能源与食物来源渠道日益多样化，主要通过市场交换获取，所以林业碳汇项目开发对农户自然资源利用情况的影响，并不影响农户对资源能源食物的满意度。

从社会关系来看，集体林开发林业碳汇项目有助于提高农户对社会关系的满意度。开发林业碳汇项目与农户对邻里关系的满意度显著正相关，开发林业碳汇项目可使农户对邻里关系的满意度提高 2.1%。开发林业碳汇项目可以使农户对村干部的满意度提高 32%。集体林林业碳汇项目开发作为一种农户间的集体生产行为，良好的社会关系更容易促成这种集体行动的实施，集体行动的良好开展又可以促进农户社会关系满意度的提高。

表 7-6　参与林业碳汇项目对农户主观福祉的影响结果

	全部农户		方式一		方式三		方式四	
	Coef	dy/d*x*	Coef	dy/d*x*	Coef	dy/d*x*	Coef	dy/d*x*
户主年龄	−0.188	−0.002	0.386	0.004	−0.012	−0.001	−0.066	−0.002
户主受教育水平	−0.264	−0.033	−0.667*	−0.075	0.304	0.034	−0.785	−0.020
从事林业生产年限	−0.019	−0.002	−0.105***	−0.012	0.012	0.001	0.091	0.002
林地面积	−0.085	−0.010	0.058	0.007	−0.134	−0.015	−0.560**	−0.014
农户收入	0.464**	0.058	0.056	0.006	0.303	0.034	1.725**	0.045
区域经济	−0.357***	0.044	−0.214***	−0.024	−0.649***	−0.072	−145.313*	−3.752
生态环境的满意度	1.576***	0.195	2.877***	0.325	0.968**	0.109	3.853***	0.099
资源收入供给满意度	0.185	0.023	0.312	0.035	0.392	0.044	1.615**	0.042
资源能源食物供给满意度	0.205	0.025	0.000	—	0.000	—	0.322	0.008
与社区邻居关系的满意度	0.283*	0.021	0.111*	0.012	−0.208 9*	0.005	0.330 9**	0.037
对村领导的满意度	2.579**	0.320	1.643***	0.186	3.690 9***	0.413	5.983 9***	0.154
常数项	−14.002***		16.000***		−17.098***		351.880**	
样本量	1 398		438		451		509	
LR chi² (11)	846.96		290.280		299.2		618.46	
Prob > chi²	0.000		0.000		0.000		0.000	
Log likelihood	−544.91		−157.802		162.821		−43.559 7	
Pseudo R^2	0.437		0.479		0.479		0.876 5	

注：方式一、方式三和方式四分别指林业碳汇项目权益分配方式一、三和四，具体标准见第 3 章。

7.4　本章小结

从理论上分析开发林业碳汇项目可能对农户收入和主观福祉产生的影响。本部分在借鉴国内外学者研究的基础上，构建农户收入测量指标体系，利用倾向得分匹配（PSM）方法分析开发林业碳汇项目对农户收入的影响；从生态系统和社会关系两个维度构建农户主观福祉测量指标体系，并对其进行统计性分析和二值型 Logit 回归分析。基于上述分析，得出结论：①农户以方式一和方式三参与林业碳汇项目权益分配，不能显著提高其收入水平，只有农户以方式四参与林业碳汇项目，农户年收入可显著提高 3 742 元。参与林业碳汇项目核证减排量收入分配和丰富的社会资本促成的多样化劳动力供给可能是促进农户获得高收入的原因。②从生态资源方面来看，集体林区农户对生态环境的满意度都比较高，但与务工等其他生计活动相比，农、林生产活动收入水平太低，农户对自然资源为其带来的收入普遍不满意，尤其不满意林业生态效益不能兑现或兑现价值太低。由于食物支出在家庭总支出中所占比重相对偏低，所以农户对资源食物供给满意度较高。开发林业碳汇项目显著提高农户的生态环境满意度，只有以方式四参与林业碳汇项目，才能提高农户的资源收入满意度。③从社会关系来看，农户普遍具有良好的邻里关系，农户对邻里关系的满意度要高于对村干部的满意度。开发林业碳汇项目显著提高农户对邻里关系的满意度和对村干部的满意度，但对提高农户对村干部满意度的贡献水平更高。集体林林业碳汇项目开发作为一种农户间的集体生产行为，良好的社会关系更容易促成这种集体行动的实施，集体行动的良好开展又可以促进农户社会关系满意度的提高。

第 8 章　研究结论与政策建议

8.1 研究结论

本研究利用国内 CCER 林业碳汇项目的微观样本农户数据分析了社会资本、林业碳汇项目开发和农户生计之间的相互作用关系，具体研究了社会资本对集体林开发林业碳汇项目、项目权益分配方式的影响，并分析了参与林业碳汇项目对农户生计资本、生计策略和生计后果的影响。主要得到以下研究结论：

第一，集体林开发林业碳汇项目包括两个行为阶段：首先，村庄与开发单位建立联系，获取林业碳汇项目开发的资金和技术资源；其次，农户形成积极的林业碳汇开发意愿，参与林业碳汇项目。从村域层面的对外联系来看，村庄对外交流学习、与外界林业企业组织、和上级政府的关系都会正向影响村庄与林业碳汇项目开发单位建立联系，也会影响村庄获取林业碳汇信息。从农户层面的社会资本来看，信任是农户间开展生产与生活合作的基础。林业碳汇项目作为一种林农间联合的生产活动，需要村干部与林农、林农与林农之间的相互配合，对村干部和其他村民的良好信任关系可以有效降低农户间联合开展林业碳汇项目开发的管理成本和交易成本，对林业碳汇项目开发有积极的正向促进作用。农户对碳汇政策的信任和对项目契约的信任正向促进农户参与林业碳汇项目。促使林农相信我国关于碳市场及林业碳汇政策的长期稳定性，相信政策对林农权益的保障，会降低农户出于风险规避心理而不参与林业碳汇项目开发的可能性。在林农与碳汇项目开发单位的合作契约中，增加政府监管力度，确保农户权益得到保障，可以增加农户对于合作契约的信任程度，有利于促进林农积极参与林业碳汇项目开发。村组织给予农户的工具性支持和情感支持正向促进农户参与林业碳汇项目。村组织向农户传达足够的林业碳汇信息是消除林农疑虑的有效途径。组织向林农积极传达林业碳汇项目的生态意义，增加林农对林业碳汇项目生态价值的认知，有利于促进农户积极参与林业碳汇项目。村组织在日常生活中增加对困难农户的帮扶，有利于林农形成与村组织一致的价值认同，积极参与林业碳汇项目开发。

第二，林业碳汇项目权益分配方式是林农与项目业主讨价还价的结果。村域层面的村庄对外联系、农户层面的个体信任、政策信任和组织工具性支持都显著正向影响农户在碳汇项目中获得的权益种类。具体来说，村庄对外交流学习次数增加，与外界林业组织合作增加，多从政府部门了解林业碳汇信息，村组织更多地向农户宣传林业碳汇，可以增强农户的信息获取能力，进而显著提高农户在林业碳汇项目中获得的权益种类；农户对邻里的信任程度越强、对村领导的信任程度越高，农户整体与林业碳汇项目开发商的地位对称性越强，越可以显著促进农户在林业碳汇项目中获得更多的权益类型。

第三，部分参与林业碳汇项目开发的农户全部或部分丧失林地经营权和林木所有权，再加上受林业碳汇项目方法学的约束，林业碳汇项目参与组农户对项目林地的自由利用受到一定的限制，导致参与林业碳汇项目开发的农户自然资本相对减少。参与组农户的人力资本优势主要来自劳动力参加培训学习的次数较多，更多的学习机会和学习意愿，有利于参与组农户参加林业碳汇项目开发这样的创新林业经营模式；参与组农户存款水平和家用电器指标平均得分均显著高于非参与组，林业碳汇项目开发可能提高了农户的收入水平。对农户生计资本与生计策略相关关系的验证结果显示：人力资本、金融资本与务工主导型、兼业型生计策略的选择呈显著正相关关系。参与组农户因为接受更多的培训普遍具有更高的人力资本，这促进了农户参与林业碳汇项目，而参与林业碳汇项目在一定程度上减少了农户的自然资本，削弱了农户对自然资源的依赖，间接促进这些人力资本较高的农户向务工主导型或兼业型生计策略转变，有利于其提升生计水平。

第四，农户以方式一和方式三参与林业碳汇项目权益分配，不能显著提高其收入水平，只有农户以方式四参与林业碳汇项目权益分配，农户年收入可显著提高 3 742 元。参与林业碳汇项目核证减排量收入分配和丰富的社会资本促成的多样化劳动力供给可能是促进农户获得高收入的原因。从生态资源方面来看，集体林区农户对生态环境的满意度都比较高，但与务工等其他生计活动相比，农、林生产活动收入水平太低，农户对自然资源为其带来的收入普遍不满意，尤其不满意林业的生态效益不能兑现或兑现价值太低。由于食物支出在家庭总支出中所占比重相对偏低，所以农户对食物供给满意度较高。开发林业碳汇项目显著提高农户的生态环境满意度，只有以方式四参与林业碳汇项目，才能提高农户的资源收入满意度。从社会关系来看，农户普遍具有良好的邻里关系，农户对邻里关系的满意度要高于对村干部的满意度。开发林业碳汇项目显著提高农户对邻里关系的满意度和对村干部的满意度，但对提高村干部满意度的贡献水平更高。集体林林业碳汇项目开发作为一种农户间的集体生产行为，良好的社会关系更容易促成这种集体行动的实施，集体行动的良好开展又可以促进农户社会关系满意度的提高。

8.2 政策建议

综上所述，社会资本中的村域对外联系、农户人际信任、制度信任和组织支持不仅可以正向促进集体林开发林业碳汇项目的行为决策，其中丰富的村域对外联系、农户人际信任和组织工具支持也有利于农户在项目中获得更多的权益类型。林业碳汇项目的实施，在一定程度上影响农户生计资本和生计策略，农户以方式四参与林业碳汇项目可以显著提高农户的收入水平，林业碳汇项目的实施可以提高农户的生态满意度和信任满意度。因此，积极培育社会资本，利用其功能推进集体林开发林业碳汇项目，尤其是促进林农以第四种方式参与林业碳汇项目权益分配，对于促进林农增收和主观福祉的提高具有强烈的现实意义，其政策启示如下：

（1）拓宽林业碳汇信息向农村传递的渠道，增加农村与外界林业企业、事业组织的联系。搭建网络推广平台推广林业碳汇信息，利用营林培训、造林动员等活动向林区农村推广和培训林业碳汇项目信息，积极组织农户参与相关培训学习，增加对农户林业碳汇信息的输入，为农户积极参与林业碳汇项目奠定人力资本基础。对于地理位置相对偏僻、信息闭塞的林区，政府也可以在村庄与项目开发商之间积极发挥中介作用，为二者搭建合作桥梁。

（2）发挥村领导在生产中的带头作用，加强农村合作组织建设，增进农户人际信任。推动林区农村合作组织的建立，鼓励林农积极参与合作组织或集体林业碳汇项目，切实发挥农村合作组织在林业生产中的作用，增强农户之间的互惠合作，生产经营中切实为农户谋福利，增加农户对村领导的信任，促使农户之间形成良好的信任机制。

（3）重视农户在林业碳汇项目中的权益分配，确保农户参与项目核证减排量收益分配。从政策上保障农户在林业碳汇项目上的权益，包括林木所有权和收益权、项目核证减排量收益权，确保林农利益不受损。制定合理的碳汇造林、营林补贴标准，明晰碳汇造林补偿对象和补偿途径，有利于提高农户对林业碳汇制度的信任。

8.3 研究不足与展望

第一，国内有林农参与的CCER林业碳汇项目共计50项，但本研究仅对其中的6项进行了调研，受项目经费等原因限制，本研究样本未覆盖全部林业碳汇项目权益分配方案，从样本范围来看尚不够全面。因此，今后的研究应该继续关注其他地区和不同项目权益分配方案下的案例，更加全面、客观地反映当下中国集体林发展林业碳汇的情况及其对林农生计的影响。

第二，林业碳汇项目运行周期较长，对农户生计的影响亦是持续性的。但由于研究时间和数据获取的困难，未能构造出关于农户生计的面板数据。因此，未来关于林业碳汇项目对农户生计的影响研究应该加入时间维度，从较长的时间轴考量林业碳汇项目对农户生计的影响。

第三，中国目前正处于快速城镇化过程中，大量农村人口外移，农户生计活动日益丰富，农户生计策略的选择受区域政治、经济、文化、生计资本等多种因素的影响，是一个复杂的决策过程，同时又伴有一定的偶然性。但本研究关于林业碳汇项目对于农户生计策略的影响，尚未找到合适的计量模型进行定量分析，仅从统计角度进行了分析。因此，关于林业碳汇项目实施对于农户生计策略的影响分析略显单薄。这也是今后需要改进的研究方向之一。

参 考 文 献

包发，2015. 城郊农户农业技术需求实证研究［D］. 南京：南京农业大学，2015.

暴雯，2018. 资源基础理论与交易成本理论的比较研究［J］. 经贸实践（15）：3-4.

北京环境交易所. 北京绿色金融协会，2017. 北京碳市场年度报告［R/OL］.（2018-2-13）［2020-2-3］. http：//images. bjets. com. cn/www/201802/20180213155953557. pdf.

边燕杰，2004. 城市居民社会资本的来源及作用：网络观点与调查发现［J］. 中国社会科学（03）：136-146，208.

布迪厄，2012. 布迪厄的社会学代表著作［M］. 蒋梓骅，译，北京：译林出版社.

蔡洁，马红玉，夏显力，2017. 集中连片特困区农地转出户生计策略选择研究——基于六盘山的微观实证分析［J］. 资源科学，39（11）：2083-2093.

蔡起华，朱玉春，2015. 社会信任、收入水平与农村公共产品农户参与供给［J］. 南京农业大学学报（社会科学版），15（01）：41-50+124.

蔡志海，2010. 汶川地震灾区贫困村农户生计资本分析［J］. 中国农村经济（12）：55-67.

曹先磊，程宝栋，2018. 中国林业碳汇核证减排量项目市场发展的现状、问题与建议［J］. 环境保护，46（15）：27-34.

柴乐，2017. 生计资本对生计策略的影响研究——基于重点国有林区的调查数据［J］. 经济研究导刊（11）：153-155.

陈超，任大廷，2011. 基于前景理论视角的农民土地流转行为决策分析［J］. 中国农业资源与区划，32（02）：18-21.

陈冲影，2010. 林业碳汇与农户生计——以全球第一个林业碳汇项目为例［J］. 世界林业研究，23（05）：15-19.

陈刚，2015. 我国森林碳汇经济价值评估研究［J］. 价格理论与实践（05）：109-111.

陈刚，李树，2012. 政府如何能够让人幸福？——政府质量影响居民幸福感的实证研究［J］. 管理世界（08）：55-67.

陈静，田甜，2019. 社会资本研究综述［J］. 湖北经济学院学报（人文社会科学版），16（02）：22-25，35.

陈美球，魏晓华，刘桃菊，2009. 海外耕地保护的社会化扶持对策及其启示［J］. 中国人口·资源与环境，19（03）：70-74.

陈茜，段伟，2019. 农户风险偏好对林业投入决策的影响研究——以广东省集体林区为例［J］. 财经理论与实践，40（05）：55-61.

陈熹，刘滨，周剑，2017. 国际气候变化法中 REDD 机制的发展——兼对《巴黎协定》第5

条解析 [J]. 北京林业大学学报（社会科学版），16 (01): 31-36.
陈相凝，武照亮，李心斐，等，2017. 退耕还林背景下生计资本对生计策略选择的影响分析——以西藏7县为例 [J]. 林业经济问题，37 (01): 56-62，106.
陈瑶，张晓梅，2018. 林农参与林业碳汇意愿影响因素分析——基于黑龙江省集体林调研数据 [J]. 林业经济，40 (08): 98-103.
崔宝玉，谢煜，徐英婷，2016. 土地征用的农户收入效应——基于倾向得分匹配（PSM）的反事实估计 [J]. 中国人口·资源与环境，26 (02): 111-118.
崔晓明，2018. 基于可持续生计框架的秦巴山区旅游与社区协同发展研究——以陕西安康市为例 [D]. 西安：西北大学.
崔亚虹，2010. 生态文明建设与民族地区环境保护问题研究 [J]. 商业时代 (06): 97-99.
道日娜，2014. 农牧交错区域农户生计资本与生计策略关系研究——以内蒙古东部四个旗为例 [J]. 中国人口·资源与环境，24 (S2): 274-278.
邓含珠，2010. 中国林区贫困人口脱贫问题研究 [D]. 南京：南京林业大学.
都阳，2001. 风险分散于非农劳动供给——来自贫困地区农村的经验证据 [J]. 数量经济技术经济研究，18 (01): 46-50.
杜焱强，刘平养，包存宽，等，2016. 社会资本视阈下的农村环境治理研究——以欠发达地区J村养殖污染为个案 [J]. 公共管理学报，13 (04): 101-112，157-158.
段伟，2016. 保护区生物多样性保护与农户生计协调发展研究 [D]. 北京：北京林业大学.
范冰玉，2019. 大数据时代农村信息服务实证研究 [J]. 现代营销（经营版）(10): 42-43.
费孝通，2012. 乡土中国 [M]. 北京：北京大学出版社.
冯海英，2007. 贫困农户的信息获取途径研究 [J]. 攀登 (05): 57-59.
冯菁，2007. 丰裕中的贫困 [D]. 北京：北京林业大学.
冯伟林，李树茁，李聪，2013. 生态系统服务与人类福祉——文献综述与分析框架 [J]. 资源科学，35 (07): 1482-1489.
冯献，李瑾，郭美荣，2016. “互联网＋”背景下农村信息服务模式创新与效果评价 [J]. 图书情报知识 (06): 4-15.
冯艳芬，2013. 华南经济发达地区农户耕地价值认知及保护意愿——以广州市番禺区为例 [J]. 中国农业资源与区划，34 (06): 51-57.
高杨，牛子恒，2019. 风险厌恶、信息获取能力与农户绿色防控技术采纳行为分析 [J]. 中国农村经济 (08): 109-127.
格蕾琴·C·戴利，2017. 农户生计与环境可持续发展研究 [M]. 黎洁，李树茁，等译. 北京：社会科学文献出版社.
龚荣发，曾维忠，2018. 政府推动背景下森林碳汇项目农户参与的制约因素研究 [J]. 资源科学，40 (05): 1073-1083.

龚文娟，沈珊，2016. 系统信任对环境风险认知的影响——以公众对垃圾处理的风险认知为例［J］. 长白学刊（05）：66-75.

桂勇，黄荣贵，2008. 社区社会资本测量：一项基于经验数据的研究［J］. 社会学研究（03）：122-142，244-245.

郭健斌，黄清哲，孙自保，2019. 雅鲁藏布江中游农户生计与土地利用——以西藏日喀则市南木林县为例［J］. 干旱区资源与环境，33（11）：128-134.

国家林业和草原局，2018. 中国林业统计年鉴［M］，北京：中国林业出版社.

国家应对气候变化战略研究和国际合作中心，2018. 批准项目数按减排类型分布图表［EB/OL］.（2018-10-31）［2019-12-5］. http：//cdm. ccchina. org. cn/NewItemTable7. aspx.

韩雅清，杜焱强，苏时鹏，等，2017. 社会资本对林农参与碳汇经营意愿的影响分析——基于福建省欠发达山区的调查［J］. 资源科学，39（07）：1371-1382.

何桂梅，王鹏，徐斌，等，2018. 国际林业碳汇交易变化分析及对我国的启示［J］. 世界林业研究，31（05）：1-6.

何可，张俊飚，张露，等，2015. 人际信任、制度信任与农民环境治理参与意愿：以农业废弃物资源化为例［J］. 管理世界（05）：75-88.

何秋洁，何南君，2019. 农户生计脆弱性影响因素分析——基于四川省贫困地区实证调查［J］. 忻州师范学院学报，35（04）：101-105.

何仁伟，方方，刘运伟，2019. 贫困山区农户人力资本对生计策略的影响研究——以四川省凉山彝族自治州为例［J］. 地理科学进展，38（09）：1282-1293.

何仁伟，李光勤，刘邵权，等，2017. 可持续生计视角下中国农村贫困治理研究综述［J］. 中国人口·资源与环境（11）：69-85.

洪名勇，杨单单，郑淋议，2019. 农地流转对农户收入的影响——基于PSM模型的计量分析［J］. 贵州大学学报（社会科学版），37（05）：32-41.

洪明慧，胡晨沛，顾蕾，等，2017. REDD+机制下农户参与森林经营碳汇交易意愿及其影响因素［J］. 浙江农林大学学报，34（02）：207-214.

侯雨峰，陈传明，2018. 自然保护区农户生计资本的调查与评价——以福建省武夷山国家级自然保护区为例［J］. 闽南师范大学学报（01）：118-127.

胡辰辉，蒋雪冰，2019. 基于林地质量等级的评价及管理——以汕头市为例［J］. 林业科技情报（05）：14-16.

胡志平，庄海伟，2019. 社会资本参与乡村环境治理：逻辑、困境及路径［J］. 河海大学学报（哲学社会科学版），21（03）：76-82.

黄成，2006. 行为决策理论及决策行为实证研究方法探讨［J］. 经济经纬（05）：102-105.

黄建伟，喻洁，2010. 失地农民关键自然资本的丧失、补偿及其对收入的影响研究——基于七省一市的实地调研［J］. 探索（04）：86-92.

黄杰夫，2017. 鼓励和规范机构主导的场外交易，搭建碳价格发现的立体架构［N/OL］.（2017-9-8）［2019-10-24］. http：//www. tanjiaoyi. com/article-22418-1. html.

黄巧龙，曾京华，陈钦，2019. 乡村振兴林农参与碳汇项目意愿研究［J］. 林业经济问题，

39 (04): 363-369.
黄选瑞，张玉珍，藤起和，等，2002. 环境再生产与森林生态效益补偿 [J]. 林业科学 (06): 164-168.
黄宰胜，2017. 基于供需意愿的林业碳汇价值评价及其影响因素研究 [D]. 福州：福建农林大学.
黄宰胜，陈治淇，陈钦，2017. 林农碳汇林经营受偿意愿影响因素分析——基于计划行为理论 [J]. 林业经济 (03): 46-53.
黄宰胜，陈治淇，陈钦，等，2017. 林农碳汇林经营意愿影响因素分析——基于碳汇造林试点地区的实证检验 [J]. 生态经济，33 (04): 34-37，42.
黄志刚，陈晓楠，李健瑜，2018. 生态移民政策对农户收入影响机理研究 [J]. 资源科学，40 (02): 439-451.
计露萍，周国模，顾蕾，等，2017. "REDD+"的研究现状与展望 [J]. 世界林业 (06): 161-167.
贾进，程琳，马春雷，等，2012. 林农对碳汇交易的意愿及影响因素分析——基于河北省赤城县的调查 [J]. 南方农村 (10): 32-35.
贾亚娟，赵敏娟，2019. 环境关心和制度信任对农户参与农村生活垃圾治理意愿的影响 [J]. 资源科学，41 (08): 1500-1512.
江冲，金建君，李论，2012. 基于公众参与的耕地资源非市场价值认知研究——以浙江省温岭市为例 [J]. 中国农业资源与区划，33 (06): 72-78.
姜绍静，2019. 社会资本视角下村庄集体行动困境——基于一个农区村庄土地纠纷的分析 [J]. 北方民族大学学报（哲学社会科学版）(05): 97-103.
姜松，王钊，2012. 土地流转、适度规模经营与农民增收——基于重庆市数据实证 [J]. 软科学，26 (09): 75-79.
姜霞，2016. 中国林业碳汇潜力和发展路径研究 [D]. 杭州：浙江大学.
教军章，张雅茹，2018. 社会资本影响制度发展的作用机理探究 [J]. 理论探讨 (6): 155-161.
卡尼曼，斯洛维奇，特沃斯基，2008. 不确定状况下的判断：启发式和偏差 [M]. 方文，吴新利，张擘，译. 北京：中国人民大学出版社.
柯为民，2019. 政府主导的农地流转对农户收入影响效应研究 [J]. 安徽农业科学，47 (22): 261-256，268.
科尔曼，1990. 社会理论的基础 [M]. 北京：社会科学文献出版社: 79-89.
孔令英，李媛彤，王明月，等，2019. 项目制扶贫下农户生计资本与生计策略研究——基于新疆疏勒县的调查数据 [J]. 中国农业资源与区划 (10): 53-65.
邝佛缘，陈美球，鲁燕飞，等，2017. 生计资本对农户耕地保护意愿的影响分析：以江西省587份问卷为例 [J]. 中国土地科学，31 (02): 58-66.
旷浩源，2015. 农业技术扩散中基于社会网络的信息传播分析 [J]. 安徽农业科学，43 (20): 376-378.

黎洁，李树苗，费尔德曼，2010. 山区农户林业相关生计活动类型及影响因素［J］. 中国人口·资源与环境，20（08）：8－16.

李柏贞，汪金福，王怀清，等，2018. 江西省森林和植被碳汇价值研究［J］. 气象与减灾研究，41（03）：207－211.

李广东，邱道持，王平，2011. 三峡生态脆弱区耕地非市场价值评估［J］. 地理学报（04）：562－575.

李赫扬，周先波，丁芳清，2017. 社会阶层认知分化的实证研究——基于有序 Probit 面板模型的估计［J］. 南方经济（07）：17－36.

李欢欢，2016. 河南省农户需求技术调研［D］. 新乡：河南师范大学.

李惠梅，张安录，2013. 基于福祉视角的生态补偿研究［J］. 生态学报，33（04）：1065－1070.

李洁，2018. 福建林农不同生计策略类型对种植选择的影响研究［D］. 福州：福建农林大学.

李金良，2017. 如何开发林业碳汇参与碳交易市场的主要误区和关键问题分析［N/OL］.（2017－09－24）［2020－3－11］. http：//www. tanpaifang. com/tanhui/2017/0924/60604_6. html.

李军龙，腾剑仑，2013. 生计资本下农户参与生态补偿行为意愿分析［J］. 福建农林大学学报，16（05）：15－20.

李琳森，张旭锐，2019. 林农生计资本对林地利用方式的影响研究［J］. 林业经济问题，39（01）：38－44.

李怒云，2007. 中国林业碳汇［M］. 北京：中国林业出版社.

李培林，覃方明，2005. 社会学：理论与经验（第二辑）［M］. 北京：社会科学文献出版社.

李睿，2014. 前景理论研究综述［J］. 社会科学论坛（02）：214－222.

李实，杨修娜，2015. 我国农民工培训效果分析［J］. 北京师范大学学报（社会科学版）（06）：35－47.

李拓，钱巍，李翠霞，2017. 基于前景理论的东北三省农户种养行为决策研究［J］. 黑龙江畜牧兽医（04）：1－5.

李晓楠，李锐，罗邦用，2016. 农业技术培训和非农职业培训对农村居民收入的影响［J］. 数理统计与管理，34（05）：867－877.

李鑫远，雷敏，郗家祺，2018. 生态移民福祉影响因素研究——基于陕西省蓝田县农村抽样调研［J］. 地理研究，37（06）：1127－1141.

李星光，刘军弟，霍学喜，2019. 新一轮农地确权对农户生计策略选择的影响——以苹果种植户为例［J］. 资源科学，41（10）：1923－1934.

李旭，李雪，2019. 社会资本对农民专业合作社成长的影响——基于资源获取中介作用的研究［J］. 农业经济问题（01）：125－133.

李研，2020. 构建森林生态资源产权交易机制的理论探索［J］. 林业经济问题，40（02）：

181-188.
李研，花翠，张玉春，2018. 碳交易机制内的限排企业行为对策研究——以北京碳交易市场为例［J］. 工业技术与职业教育，16（04）：83-86.
李研，张大红，2018. 要素投入对林业经济增长影响的实证分析［J］. 统计与决策，34（15）：133-135.
李研，张大红，2021. 社会资本对林农获取林业碳汇项目权益的影响［J］. 农村经济，465（07）：68-78.
李研，张玉春，2018. 我国林业碳汇价值实现路径及对策研究［J］. 工业技术与职业教育，16（02）：77-81.
李远阳，张渝，马瑛，2019. 新疆典型牧区牧户生计风险及其影响因素分析——以奇台县为例［J］. 山东农业科学，51（08）：160-166.
联合国粮农组织，2018. 2018年世界森林状况——通向可持续发展的森林之路［R］. 罗马.
梁巧，吴闻，刘敏，等，2014. 社会资本对农民合作社社员参与行为及绩效的影响［J］. 农业经济问题（11）：71-79.
梁义成，刘纲，马东春，等，2013. 区域生态合作机制下的可持续农户生计研究——以"稻改旱"项目为例［J］. 生态学报，33（03）：694-695.
林丽梅，韩雅清，2019. 社会资本、农户分化与村庄集体行动——以农户参与农田水利设施建设为例［J］. 资源开发与市场，35（04）：527-533.
林丽梅，刘振滨，许佳贤，等，2016. 家庭禀赋对农户林地流转意愿及行为的影响——基于闽西北集体林区农户调查［J］. 湖南农业大学学报（社会科学版），17（02）：16-21.
刘博，刘天军，2014. 农户异质性与议价能力差异——基于"农超对接"模式的实证分析［J］. 广东农业科学（16）：220-226.
刘国华，魏世创，2017. 进村入户的精准信息服务模式探析［J］. 南方农业，11（34）：92-94.
刘红梅，王克强，2005. 林业财政政策研究［J］. 财政研究（07）：40-44.
刘际建，王德善，李圣春，2002. 生态公益林补偿机制的初探［J］. 水土保持学报，16（06）：145-147.
刘俊，张恒锦，金朦朦，等，2019. 旅游地农户生计资本评估与生计策略选择——以海螺沟景区为例［J］. 自然资源学报，34（08）：1735-1747.
刘璞，2017. 退耕还林前后农户福祉状态变化研究——可行能力分析法在陕北地区的应用［D］. 杨凌：西北农林科技大学.
刘伟，徐洁，黎洁，2018. 易地扶贫搬迁农户生计适应性研究——以陕南移民搬迁为例［J］. 中国农业资源与区划，39（12）：218-223.
刘秀丽，张勃，郑庆荣，等，2014. 黄土高原土石山区退耕还林对农户福祉的影响研究——以宁武县为例［J］. 资源科学，36（02）：397-405.
刘焱序，徐光，姜洪源，2015. 东北林区生态系统服务与健康协同分析［J］. 地理科学进展，34（06）：761-771.

刘冶，2017. 林业碳汇视角下西藏低碳扶贫模式初探［J］. 时代农机，44（04）：133-134.

路易吉诺·布鲁尼，皮尔·路易吉·波尔塔，2007. 经济学与幸福［M］. 上海：新世纪出版社：35-41.

罗瑞雪，杨成文，2017. 基于讨价还价博弈理论的 PPP 项目收益分配研究［J］. 现代商业（05）：107-108.

马文武，刘虔，2019. 异质性收入视角下人力资本对农民减贫的作用效应研究［J］. 中国人口·资源与环境，29（03）：137-147.

马雯雯，赵晟骜，2020. 金融服务林业碳汇发展及问题研究［J］. 西南金融（06）：46-55.

迈克尔·波特，2018. 竞争战略［M］. 陈丽芳，译. 北京：中信出版社.

孟庆繁，2006. 人工林在生物多样性保护中的作用［J］. 世界林业研究，19（05）：1-6.

宁可，沈月琴，朱臻，2014. 农户对森林碳汇认知及碳汇林经营意愿分析——基于浙江、江西、福建 3 省农户调查［J］. 北京林业大学学报（社会科学版），13（02）：63-69.

潘晓坤，罗蓉，2018. 我国农户可持续生计的研究综述［J］. 中国集体经济（10）：75-76.

裴志军，2006. 论社会资本视角下的政府信用重建［J］. 理论月刊（01）：130-132.

彭代彦，吴扬杰，2009. 农地集中与农民增收关系的实证检验［J］. 中国农村经济（04）：17-22.

彭小辉，史清华，2018. 中国农村人口结构变化及就业选择［J］. 长安大学学报（社会科学版），20（02）：89-98.

钱龙，钱文荣，2017. 社会资本影响农户土地流转行为吗？——基于 CFPS 的实证检验［J］. 南京农业大学学报（社会科学版），17（05）：88-101.

秦剑，张玉利，2013. 社会资本对创业企业资源获取的影响效应研究［J］. 当代经济科学，35（02）：96-106.

任海，邬建国，彭少麟，2000. 生态系统健康的评估［J］. 热带地理，20（04）：310-316.

尚婷婷，曹玉昆，2019. 东北虎豹国家公园周边居民可持续生计评价分析［J］. 林业经济（10）：17-22.

申津羽，韩笑，侯一蕾，等，2014. 贫困山区的农户主观福祉影响因素研究——以湖南省湘西州为例［J］. 资源科学，36（10）：2174-2182.

申津羽，侯一蕾，吴静，等，2014. 农户选择林业不同经营形式的意愿及影响因素分析［J］. 林业科学，50（11）：138-146.

沈月琴，朱臻，吴伟光，等，2010. 农户对非木质林产品经营模式的选择意愿及其影响因素分析［J］. 自然资源学报，25（02）：192-199.

石柳，唐玉华，张捷，2017. 我国林业碳汇市场供需研究——以广东长隆碳汇造林项目为例［J］. 中国环境管理，9（01）：104-110.

石小亮，陈珂，鲁晨曦，2015. 中国森林碳汇服务价值评价［J］. 中南林业科技大学学报（社会科学版），9（05）：27－33.
史雨星，李超琼，赵敏娟，2019. 非市场价值认知、社会资本对农户耕地保护合作意愿的影响［J］. 中国人口·资源与环境，29（04）：94－103.
宋言奇，2010. 社会资本与农村生态环境保护［J］. 人文杂志（01）：23－27.
苏宝财，陈祥，林春桃，等，2019. 茶农生计资本、风险感知及其生计策略关系分析［J］. 林业经济问题，39（05）：552－560.
苏慧，2019. 社会资本视角下农户林下经营效率及其影响因素研究——以内蒙古敖汉旗为例［D］. 呼和浩特：内蒙古农业大学.
苏蕾，袁辰，贯君，2020. 林业碳汇供给稳定性的演化博弈分析［J］. 林业经济问题，40（02）：122－128.
孙博，刘倩倩，王昌海，等，2016. 农户生计研究综述［J］. 林业经济（04）：49－53.
孙前路，乔娟，李秉龙，2018. 生态可持续发展背景下牧民养殖行为选择研究——基于生计资本与兼业化的视角［J］. 经济问题（11）：84－91.
孙惟微，2013. 赌客信条［M］. 北京：电子工业出版社：45－51.
谭荣，2012. 陕南秦巴山区农户环境行为的影响因素分析——基于社会资本的视角［D］. 临汾：山西师范大学.
唐才富，涂云军，代丽梅，等，2017. CCER 林业碳汇项目开发现状及建议［J］. 四川林业科技，38（04）：115－119，146.
唐姣，2012. 农产品市场中农户同收购商的讨价还价能力研究——以海南香蕉产业为例［D］. 海口：海南大学.
唐睿，2018. 农户“三权分置”政策认可及流转意愿研究——基于湖北省十个区域的农户调研［D］. 武汉：华中农业大学.
田晓丽，2012. 论讨价还价能力对技术授权的影响［J］. 现代管理科学（11）：46－48.
涂丽，2018. 生计资本、生计指数与农户的生计策略：基于 CLDS 家户数据的实证分析［J］. 农村经济（08）：76－83.
托马斯·谢林，2018. 冲突的战略［M］. 王水雄，译. 北京：华夏出版社.
汪汇，陈钊，陆铭，2009. 户籍、社会分割与信任：来自上海的经验研究［J］. 世界经济（10）：81－96.
王飞绒，徐永萍，李正卫，2019. 社会网络、资源获取与新创企业机会识别能力的实证研究［J］. 科技与经济，32（01）：6－10.
王恒彦，卫龙宝，郭延安，2013. 农户社会资本对农民家庭收入的影响分析［J］. 农业技术经济（10）：28－38.
王佳音，2019. 基于讨价还价博弈模型的农业 PPP 项目风险分担机制研究［D］. 兰州：兰州财经大学.
王瑾，张玉钧，石玲，2014. 可持续生计目标下的生态旅游发展模式——以河北白洋淀湿地自然保护区王家寨社区为例［J］. 生态学报，34（09）：2398－2399.

王静，王礼力，王雅楠，2018. 社会资本对农户参与农民用水协会意愿的影响研究［J］. 农业现代化研究，39（02）：309-315.

王娟，吴海涛，丁士军，2014. 山区农户最优生计策略选择分析——基于滇西南农户的调查［J］. 农业技术经济（09）：97-107.

王磊，2019. 组织支持与社会信任对农户参与小型农田水利供给意愿的影响分析［J］. 吉林水利（07）：56-59.

王明天，梁媛媛，薛永基，2017. 社会资本对林区创业农户生态保护行为影响的实证分析［J］. 中国农村观察（02）：81-92.

王倩，任倩，余劲，2018. 粮食主产区农地流转农户议价能力实证分析［J］. 中国农村观察（02）：47-59.

王旺霞，高树棠，2019. 甘肃省政策性农业保险对农民收入影响的实证分析［J］. 社科纵横，34（11）：61-65.

王为礼，王钦昊，2005. 森林生态功能评定及实行生态功能补偿的必要性分析［J］. 林业勘察设计（03）：23-28.

王小军，谢屹，王立群，等，2013. 集体林权制度改革中的农户森林经营行为与影响因素——以福建省邵武市和尤溪县为例［J］. 林业科学，49（06）：135-142.

王永安，1994. 森林生态功能与补偿［J］. 林业资源管理（03）：58-60.

王昭琪，苏建兰，2014. 农户参与林业碳汇意愿影响因素分析——以云南省凤庆县、镇康县为例［J］. 林业经济（05）：75-78.

乌云花，苏日娜，许黎莉，等，2017. 牧民生计资本与生计策略关系研究——以内蒙古锡林浩特市和西乌珠穆沁旗为例［J］. 农业技术经济（07）：71-77.

吴今，吴静黎，梁振英，等，2019. 基于农地金融的林地经营权抵押贷款模式研究［J］. 资源开发与市场，35（07）：903-909.

吴乐，朱凯宁，靳乐山，2019. 环境服务付费减贫的国际经验及借鉴［J］. 干旱区资源与环境，33（11）：34-41.

吴廷美，吴渊，王多斌，等，2019. 三江源区牧户生计资本对其生计策略的影响研究［J］. 草业学报，28（11）：12-21.

吴笑晗，孟巍，2019. 农业生产资料市场供求双方议价能力研究——基于 CFPS 数据的分析［J］. 贵州社会科学，352（04）：154-161.

吴义爽，汪玲，2012. 论经济行为和社会结构地互嵌性——兼评格兰诺地嵌入性理论［J］. 社会科学战线（12）：49-55.

伍艳，2015. 农户生计资本与生计策略的选择［J］. 华南农业大学学报：社会科学版，14（02）：57-66.

伍艳，2016. 贫困山区农户生计资本对生计策略的影响研究——基于四川省平武县和南江县的调查数据［J］. 农业经济问题（03）：88-94.

武守军，林春芳，2003. 浅议森林的生态功能与补偿［J］. 林业勘察设计（03）：32-33.

夏少敏，张卉聪，2016. REDD＋机制对我国低碳经济的政策、法律启示：以环境与资源保护法为视角［C］. 哈尔滨：生态文明与林业法制：2010 全国环境资源法学研讨会（年会）：6.

邢占军，2006. 城乡居民主观生活质量比较研究初探［J］. 社会（01）：130－141，208－209.

徐畅，徐秀英，2017. 社会资本对农户林地流转行为的影响分析——基于浙江省 393 户农户的调查［J］. 林业经济（04）：51－57.

徐鹏，徐明凯，杜漪，2008. 农户可持续生计资产的整合与应用研究——基于西部 10 县（区）农户可持续生计资产状况的实证分析［J］. 农村经济（12）：89－93.

徐阳，谭一杰，邵慧敏，等，2019. 加入合作社提高了农户的收入水平吗——基于云南省微观调查数据的实证分析［J］. 西部经济管理论坛，30（06）：32－41.

许汉石，乐章，2012. 生计资本、生计风险与农户的生计策略［J］. 农业经济问题（10）：100－105.

许恒周，郭玉燕，2011. 农民非农收入与农村土地流转关系的协整分析——以江苏省南京市为例［J］. 中国人口·资源与环境，21（06）：61－66.

许朗，罗东玲，刘爱军，2015. 社会资本对农户参与灌溉管理改革意愿的影响分析［J］. 资源科学，37（06）：1287－1294.

薛宝飞，2019. 组织支持对农户农产品质量控制行为影响研究——以猕猴桃合作社为例［D］. 杨凌：西北农林科技大学.

薛凤蕊，乔光华，苏日娜，2011. 土地流转对农民收益的效果评价——基于 DID 模型分析［J］. 中国农村观察（02）：36－42.

颜廷武，何可，张俊飚，2016. 社会资本对农民环保投资意愿的影响分析——来自湖北农村农业废弃物资源化的实证研究［J］. 中国人口·资源与环境，26（01）：158－164.

杨博文，2019. 政策导向下我国农林碳汇交易生态扶贫监管框架研究［J］. 农业经济与管理（03）：51－60.

杨柳，朱玉春，任洋，2018. 社会信任、组织支持对农户参与小农水管护绩效的影响［J］. 资源科学，40（06）：1230－1245.

杨龙，汪三贵，2015. 贫困地区农户脆弱性及其影响因素分析［J］. 中国人口·资源与环境，（10）：150－156.

杨伦，刘某承，闵庆文，2019. 农户生计策略转型及对环境的影响研究综述［J］. 生态学报，39（21）：1-11.

杨扬，李桦，2019. 集体林区农户生计策略选择研究——基于浙江、江西调查问卷［J］. 农林经济管理学报，18（05）：645－655.

杨云彦，赵峰，2009. 可持续生计分析框架下农户生计资本的调查与分析——以南水北调（中线）工程库区为例［J］. 农业经济问题（03）：58－65，111.

叶宝治，2018. 社会资本对农户林权抵押贷款行为的影响研究——基于浙江省的农户调查［D］. 杭州：浙江农林大学.

叶静怡，武玲蔚，2014. 社会资本与进城务工人员工资水平——资源测量与因果识别［J］.

经济学（季刊），13（04）：1303-1322.

佚名，2014. 美国实施林业多途径保护［EB/OL］.（2014-5-27）［2019-11-20］. https：//wenku. baidu. com/view/93f2b98b8bd63186bcebbc83. html.

于大川，李培祥，杨永贵，2019. 农村医疗保险制度的增收与减贫效应评估——基于CHNS（2015）数据的实证分析［J］. 农业经济与管理（05）：35-45.

俞福丽，蒋乃华，2015. 健康对农民种植业收入的影响研究：基于中国健康与营养调查数据的实证研究［J］. 农业经济问题（04）：66-71.

袁东波，陈美球，廖彩荣，等，2019. 土地转出农户的生计资本分化及其生计策略变化［J］. 水土保持研究，26（04）：349-354.

袁东波，陈美球，廖彩荣，等，2019. 土地转出农户主观福祉现状及其影响因素分析——基于生计资本视角［J］. 中国土地科学，33（03）：25-33.

袁航，刘梦璐，2016. 异质性农户议价能力测度及影响因素分析——基于信息不对称视角［J］. 农林经济管理学报，15（03）：262—270.

袁嘉祖，范晓明，1997. 中国森林碳汇功能的成本效益分析［J］. 河北林果，12（01）：20-14.

苑会娜，2009. 进城农民工的健康与收入：来自北京市农民工调查的证据［J］. 管理世界（05）：56-66.

曾庆敏，陈利根，龙开胜，2019. 土地征收对农户收入的影响效应分析——基于倾向得分匹配模型的实证［J］. 农业现代化研究，40（02）：253-263.

张驰，杨帆，曾维忠，等，2016. 周连景. 基于供给方视阈的森林碳汇项目建设组织模式研究——以四川省“川西北”、“川西南”项目为例［J］. 中南林业科技大学学报，36（05）：138-142.

张春平，2016. 议价能力对企业绩效的影响研究［J］. 河北企业（07）：6-8.

张方圆，赵雪雁，田亚彪，等，2013. 社会资本对农户生态补偿参与意愿的影响——以甘肃省张掖市、甘南藏族自治州、临夏回族自治州为例［J］. 资源科学，35（09）：23-29.

张广凤，2010. 论社会资本对技术扩散的影响［J］. 经济研究导刊（27）：184-185.

张桂颖，吕东辉，2017. 乡村社会嵌入与农户农地流转行为——基于吉林省936户农户调查数据的实证分析［J］. 农业技术经济（08）：57-66.

张建龙，2018. 实施以生态建设为主的林业发展战略［N/OL］.（2018-03-14）［2019-10-31］. http：//www. forestry. gov. cn/.

张磊，王得祥，2018. 森林经营管理对森林碳汇的作用及提高对策［J］. 现代园艺（8）：173.

张鹏瑶，刘新智，孙晗霖，2019. 生计策略对贫困地区精准脱贫户可持续生计的影响研究［J］. 山东师范大学学报（自然科学版），34（02）：203-209.

张蓉，李帅锋，张治军，2017. 中国林业碳汇项目开发的障碍分析及对策建议［J］. 中国农学通报，33（13）：45-48.

张苏，赵瑞，陈睿，2018. 生态型驱动力下土地利用变化对农户福祉的影响研究［J］. 安徽农业科学（08）：238－241.

张晓华，傅莎，祁悦，2014. IPCC第五次评估第三工作组报告主要结论解读［N/OL］.（2014－7－12）［2019－12－7］. http：//ishare. iask. sina. com. cn/f/30rvtrusVsz. html.

张晓敏，严斌剑，周应恒，2012. 损耗控制、农户议价能力与农产品销售价格——基于对河北、湖北两省梨果种植农户的调查［J］. 南京农业大学学报（社会科学版），12（03）：54－59.

张焱，冯璐，陈良正，2019. 农户生计策略选择对其生计后果的影响——以云南边境山区为例［J］. 江苏农业科学，47（16）：322—326.

张扬，陈卫平，2019. 农场主网络社会资本、资源获取与生态农场经营满意度［J］. 西北农林科技大学学报（社会科学版），19（06）：101－111.

张译，杨帆，曾维忠，2019. 网络治理视域下森林碳汇扶贫模式创新——以“诺华川西南林业碳汇、社区和生物多样性项目”为例［J］. 中南林业科技大学学报，39（12）：148－154.

张银银，马志雄，丁士军，2017. 失地农户生计转型的影响因素及其效应分析［J］. 农业技术经济（06）：42－51.

张莹，2019. 森林碳汇项目对区域减贫影响的研究［D］. 哈尔滨：东北林业大学.

张莹，黄颖利，2019. 森林碳汇项目有助于减贫吗?［J］. 林业经济问题，39（01）：71－76.

赵绘宇，2009. 林权改革的生态风险及应对策略［J］. 法学（12）：13－17.

赵士洞，张永民，2006. 生态系统与人类福祉——千年生态系统评估的成就、贡献和展望［J］. 地球科学进展，21（09）：895－902.

赵文娟，杨世龙，王潇，2016. 基于Logistic回归模型的上级资本与生计策略研究：以云南新平县热河谷傣族地区为例［J］. 资源科学，38（01）；136－143.

赵雪雁，2012. 社会资本测量研究综述［J］. 中国人口·资源与环境，22（07）：127－133.

赵延东，2006. 测量西部城乡居民的社会资本［J］. 华中师范大学学报，45（06）：48－52.

赵延东，罗家德，2005. 如何测量社会资本：一个经验研究综述［J］. 国外社会科学（02）：18－24.

赵燕，朱玉春，2018. 组织支持、社会信任与农户参与小农水供给意愿［J］. 中国农村水利水电（02）：153－158，173.

郑景明，曾德慧，姜凤岐，2002. 森林生态系统的价值及其评估［J］. 沈阳农业大学学报，33（03）：223－227.

郑可，2008. 出口企业对外国采购商讨价还价能力影响因素研究［D］. 杭州：浙江大学.

郑志龙，王陶涛，2019. 社会资本参与精准扶贫的溢出效应研究——基于有序Probit模型估计［J］. 经济经纬，36（05）：56－63.

中国电力报，2018. 碳排放交易网［EB/OL］.（2018-01-29）［2019-11-17］. http：//www. tanpaifang. com/tanjiaoyi/2018/0129/61449. html.

中国发展门户网，2016. 全国首个森林经营碳汇项目新鲜出炉［N/OL］.（2016-5-26）［2019-10-13］. http：//www. tanpaifang. com/tanhui/2016/0526/53365. html.

中国绿色时报，2019. 最新研究表明森林对缓解气候变化有多重影响［EB/OL］.（2019-01-14）［2019-09-22］. http：//www. greentimes. com/green/news/hqxc/gwjj/content/2019-01/14/content_407522. htm.

周毕芬，黄和亮，阙春萍，2010. 社会资本与农村劳动力进城就业途径选择［J］. 江西农业大学学报（社会科学版），9（04）：19-25.

周侃，王传胜，2016. 中国贫困地区时空格局与差别化脱贫政策研究［J］. 中国科学院院刊，31（01）：101-111.

周玲强，周波，2018. 社会资本、知识转移与社区居民旅游支持态度：基于三个乡村社区样本的实证研究［J］. 浙江大学学报（人文社会科学版），48（02）：19-32.

周晓莹，李旭辉，2012. 农村信息不对称问题研究——基于安徽省的农村调研［J］. 情报探索（3）：87-88，122.

朱建军，胡继连，安康，2016. 农地转出户的生计策略选择研究［J］. 农业经济问题，37（02）：49-58.

朱宁，马骥，2015. 农户议价能力及其对农产品出售价格影响的实证分析［J］. 经济经纬（04）：31-36.

朱臻，黄晨鸣，徐志刚，等，2016. 南方集体林区林农风险偏好对于碳汇供给意愿的影响分析——浙江省风险偏好实验案例［J］. 资源科学，38（03）：65-75.

庄晋财，卢文秀，李丹，2018. 前景理论视角下兼业农户的土地流转行为决策研究［J］. 华中农业大学学报（社会科学版）（02）：136-146.

邹宇春，敖丹，李建设，2012. 中国城市居民的信任格局及社会资本影响——以广州为例［J］. 中国社会科学（05）：131-148.

Abadi-Ghadim A K，Risk，2005. Uncertainty and Learning in Farmer Adoption of a Crop Innovation［J］. Agricultural Economics，33（01）：1-9.

Abdul-Hakim R，Abdul-Razak N A，Ismail R. 2010. Does Social Capital Reduce Poverty? A Case Study of Rural Households in Terengganu，Malaysia［J］. European Journal of Social Science，34（14）：556-567.

Adler P S，Kwon S，2002. Social Capital：Prospects for A New Concept［J］. Academy of Management Review，27（01）：17-40.

Alló M，Loureiro M L，Iglesias E，2015. Farmers，Preferences and Social Capital Regarding Agri-environmental Schemes to Protect Birds［J］. Journal of Agricultural Economics（12）：672-689.

Amanda R C，Heather Barnes Truelove，Nicholas E. Williams，2019. Social capital and resilience to drought among smallholding farmers in Sri Lanka［J］. Climatic Change，155

(02)：195－213.

André Augusto Pereira Brandão，Nilton Cesar Santos，2016. Social Capital and Dilemmas of Collective Action：Evaluating the Results of a Community Production Center facing Family Farmers set up in a Settlement in Mato Grosso do Sul [J] . Mediações：Revista de Ciências Sociais，21 (01)：384－409.

Angelsen A，Japper P，Babigumira R，et al.，2014. Environmental income and rural livelihoods：a global-comparative analysis [J] . World Development，(64)：512－528.

Arezoo S，Arild A，Trone，et al，2012. Poverty，sustainability and household livelihood strategies in Zagros，Iran [J] . Ecological Economics，(79)：60－70.

Asah S T，2008. Empirical social-ecological system analysis：from theoretical framework to latent variable structural equation model [J] . Environmental Management，42 (06)：1077－1090.

Assoc. Prof. Dr. Iniobong Aniefiok AKPABIO，2008. Significant predictors of social capital in farmers organisations in Akwa Ibom，Nigeria [J] . Journal of International Social Research (01)：61－75.

Axel Wolz，Jana Fritzsch，Gertrud Buchenrieder，Andriy Nedoborovskyy，2010. Does Co-operation Pay? The Role of Social Capital among Household Plot Farmers in Ukraine [J]. South East European Journal of Economics and Business (10)：55－64.

Babb E M，Belden S A，Saathoff C R，1969. An analysis of cooperative bargaining in the processing tomato industry [J] . American Journal of Agricultural Economics，51 (01)：13－25.

Babulo B，Muys B，et al，2008. Household livelihood strategies and forest dependence in the Highlands of Tigray，Northern Ethiopia，Agricultural Systems，98 (02)：53－74.

Barney J B，1986. Strategic Factor Markets：Expectations，Luck and Business Strategy [J]. Management Science，32 (10)：1231－1241.

Barrett C，Mutambatsere E，2008. Agricultural markets in developing countries [J] . Social Science Electronic Publishing (01)：55－71.

Bebbington A，1999. Capitals and Capabilities：a framework for analyzing peasant viability，Rural Livelihoods and poverty [J] . World Development，27 (12)：65－72.

Ben Groom，Charles Palmer，2012. REDD+ and rural livelihoods [J] . Biological Conservation (03)：42－52.

Bin Liu，Zhongbin Li，2018. Director-Generals' Human and Social Capital，and Management Performance of Farmers' Cooperatives：Evidence from China's Fujian [J]. International Journal of Management and Economics (14)：149－165.

Boger S，Hobbs J E，Kerr W A，2001. Supply chain relationships in the Polish pork sector [J] . Supply Chain Management：An Inter-national Journal，6 (02)：74－83.

Bonan G B，2008. Forests and climate change：Forcings，feed-backs，and the climate benefits of forests [J] . Science (320)：1444－1449.

Chambers R，Conway G，1992. Sustainable Rural Livelihoods：Practical Concepts for the 21st Century [J] . IDS Discussion Paper：296.

Costanza R，Norton B，Haskell B J，1992. Ecosystem health：new goals for environmental management [M] . Washington D C：Island Press：135 - 170.

Cyrus Samii，Matthew Lisiecki，Parashar Kulkarni，et al.，2014. Effects of Payment for Environmental Services (PES) on Deforestation and Poverty in Low and Middle Income Countries：A Systematic Review [J] . Campbell Systematic Reviews，(01)：1 - 95.

Damien Jourdain，Esther Boere，Marrit van den Berg，et al.，2014. Water for forests to restore environmental services and alleviate poverty in Vietnam：A farm modeling approach to analyze alternative PES programs [J] . Land Use Policy (06)：423 - 437.

Daniel Schunk，Bruce Hanon，2004. Impacts of a carbon tax policy on 11 linoisgra in farms：a dynamic simulation study. Environmental Economics and Policy Studies (06)：22 - 23.

Daniels A E，Bagstad D K，Esposito V，et al.，2010. Understanding the impacts of Costa Rica's PES：are we asking the right questions? [J] . Ecological Economics (69)：2116 - 2126.

DFID，1999. Sustainable Livelihoods Guidance Sheets [R] . London：DFID.

DFID，2000. Sustainable livelihoods guidance sheets [M] . London：Department for International Development.

Dierickx I，Cool K，1989. Asset Stock Accumulation and Sustainability of Competitive Advantage [J] . Management Science，35 (12)：1504 - 1511.

Diswandi，2017. A hybrid Coasean and Pigouvian approach to Payment for Ecosystem Services Program in West Lombok：Does it contribute to poverty alleviation? [J] . Journal：Ecosystem Services，(01)：138 - 145.

Dorward A，et al.，2001. Asset functions and livelihood strategies：a frameword for propoor analysis [J] . Adu Working Papers.

Elisabeth Gotschi，Jemimah Njuki，Robert Delve，2008. Gender equity and social capital in smallholder farmer groups in central Mozambique [J] . Development in Practice (10)：650 - 657.

Ellis F，2000. Rural livelihoods and diversity in developing countries [N] . New York：Oxford University Press.

El-Nazer T，Mccarl B A，1986. The choice of crop rotation：A modeling approach and case study [J] . American Journal of Agricultural Economics，68 (01)：127 - 136.

FAO，2006. Global forest resource assessment 2005：progress toward sustainable forest management [R] . Rome：FAO Forestry Paper：147.

Firouzjaie A A，Sadighi H，Mohammadi M A.，2007. The Influence of Social Capital on Adoption of Rural Development Programs by Farmers in the Caspian Sea Region of Iran [J]. American Journal of Agricultural and Biological Science (01)：15.

Fogel R W，1994. Economic growth，population theory，andphysiology：The bearing of long- term processes on themaking of economic policy [J] . American Economic Re-view，84 (03)：369 - 395.

Gabriela Cofré-Bravo，Laurens Klerkx，Alejandra Engler，2019. Combinations of bonding，bridging，and linking social capital for farm innovation：How farmers configure different support networks [J] . Journal of Rural Studies (04)：53 - 64.

Galih Mukti Annas Wibisono，Darwanto Darwanto，2016. Strategy of Strengthening Social Capital of Farmer Group in Agricultural Development [J] . Jurnal Ekonomi dan Kebijakan，9 (01)：61 - 80.

Gayatri S，Sumarjono D，Satmoko S，2018. Understanding of Social Capital Condition A-mong Red Guava Farmers in Tambahrejo Village，Pageruyung District，Kendal Regency [C] . International Symposium about Food and Agro-biodiversity in Indonesia. IOP Confer-ence Series：Earth and Environmental Science.

Gebert R，2010. Farmer bargaining power in the Lao PDR：Possibilities and pitfalls [J]. Sub—Working Group on Farmers and Agri-business & Helvetas，Vientiane (09)：57 - 71.

Goldstein A，Ruef F，2018. View from the understory：state of forest carbon finance 2016 (October) [R/OL] . [2018 - 01 - 23] . http：//www. forest-trends. org/publica-tion. Php.

Golob T F. ，2003. Structrual equation modeling for travel behavior research [J]. Transpor-tation Research Part B：Methodological，37 (01)：1 - 25.

Graham C，2005. Insights on development from the economics of happiness [J] . World Bank Research Observer，20 (02)：201 - 232.

Granovetter M，1985. Economic action and social structure：the problem of embeddedness [J] . American Journal of Sociology，9 (03)：481 - 510.

Granovetter M. ，1992. Economic institutions as social constructions：a framework for analy-sis [J] . Acta Sociological，35 (01)：3 - 11.

Grootaert C，Swamy A V，2002. Social Capital，Household Welfare and Poverty in Burkina Faso [J] . Journal of African Economies，11 (01)：4 - 38.

Grootaert C，van Bastlaer T，2002. Understand and Measuring Social Capital [R]. Wash-ington D C：World Bank.

Grootaert C. Social Capital，1999. Household Welfare and Poverty in Indonesia——Local Lev-el Institutions Working Paper，Washington DC：World Bank.

Haiyun Chen，Ting Zhu，Max K，et al. ，2013. Shivakoti P G，Inoue M. Measurement and evaluation of livelihood assets in sustainable forest commons governance [J] . Land Use Policy (30)：908 - 920.

Hamrick K，Goldstein A. ，2018. Raising ambition：state of the voluntary carbon markets

2016 [R/OL]. [2018-01-23]. http://www.forest- trends. Org/publication. php.

Harsanyi J, 1956. Approaches to the bargaining problem and after the theory of the games: A critical discussion of Zeuthen's, Hick's, and Nash's theories [J]. Econometrical, 24 (02): 144-157.

He K, Zhang J, Feng J, et al., 2016. The Impact of Social Capital on farmers-- Willingness to Reuse Agricultural Waste for Sustainable Development [J]. Sustainable Development, 24 (02): 101-108.

Henry Jordaan, Bennie Grové, 2013. Exploring social capital of emerging farmers from Eksteenskuil, South Africa [J]. Development Southern Africa, 83 (09): 508-524.

Hnas Gregersen, Sydney Draper, 1998. Relation between zero-stress state and branching order of porcine left coronary arterial tree [J]. American Journal of Physiology: Legacy Content (06): 2283-2292.

Huang Chen, Jinxia Wang, Jikun Huang, 2013. Policy support, social capital, and farmers'adaptation to drought in China [J]. Global Environmental Change (11): 193-202.

IPCC, 2000. IPCC Special Report: Land Use, Land-UseChange, and Forestry [R]. Cambridge: Cambridge University Press.

Jandl R, Vesterdal L, Olsson M, 2017. Carbon sequestration and forest management [R]. CAB Reviews: Perspectives in Agriculture, Veterinary Science, Nutrition and Natural Resources: 1079.

Jeffrey Sayer, Natarajan Ishwaran, James Thorsell, 等, 2000. 热带森林生物多样性与世界遗产公约 [J]. AMBIO-人类环境杂志, 29 (06): 302-309+362.

Jin S Q, Jayne T S, 2013. Land Rental Markets in Kenya: Implications for Efficiency, Equity, Household Income and Poverty [J]. Land Economics, 89 (02): 246-271.

José A. Gómez - Limón, Esperanza Vera - Toscano, et al., 2014. Farmers' Contribution to Agricultural Social Capital: Evidence from Southern Spain [J]. Rural Sociology (10): 380-410.

Juan José Michelini, 2013. Small farmers and social capital in development projects: Lessons from failures in Argentina's rural periphery [J]. Journal of Rural Studies (01): 99-109.

Kahneman D, Tversky A, 1979. Prospect Theory: An Analysis of Decision under Risk [J]. Econometrica, 47 (02): 263-291.

Kutch W L, Bahn M, Heinemeyer A, 2010. Soil Carbon Dy-namics: An Integrated Methodology [M]. Cambridge: Cambridge University Press: 49-75.

Leap T L, Grigsb D W, 1986. A Conceptualization of Collective Bargaining Power [J]. Industrial and Labor Relations Review, 39 (02): 202-203.

Lestari V S, Sirajuddin S N, Abdullah, 2018. Identification of Social Capital on Beef Cattle Farmers Group [J]. Earth and Environmental Science, 119 (01): 19-31.

Licheng Zhang, Hong Wang, Lushang Wang, et al., 2005. Social capital and farmer's willingness-to-join a newly established community-based health insurance in rural China [J]. Health policy (06): 233-242.

Lin Nan, 1999. Social Networks and Status Attainment [J]. Annual Review of Sociology, 25: 467-487.

Lisa S Hightower, Kim L Niewolny, Mark A Brennan, 2013. Immigrant farmer programs and social capital: evaluating community and economic outcomes through social capital theory [J]. Community Development (10): 582-596.

Luh Y H, Jiang W J, Chien Y N, 2014. Adoption of Genetically-modified Seeds in Taiwan: The Role of Information Acquisition and Knowledge Accumulation [J]. China Agricultural Economic Review, 6 (04): 669-697.

Luhmann N, 1979. Trust and power [M]. New York: John Wiley & Sons: 51-55.

Luisa M, Gregory C, Roberta R, 2013. Risk Aversion, Subjective Beliefs and Farmer Risk Management Strategies [J]. American Journal of Agriculture Economic, 95 (02): 384-389.

López R, Valdés A, 2000. Fighting rural poverty in Latin America: New evidence of the effects of education, demographics, and access to land [J]. Economic Development and Cultural Change, 49 (01): 197-211.

Michiel P. M. M. de Krom, 2017. Farmer Participation in Agri-environmental Schemes: Regionalisation and The Role of Bridging Social Capital [C]. Land Use Policy (10): 352-361.

Milinski M, Semmann D, Krambeck H J, 2002. Reputation helps solve the "Tragedy of the Commons" [J]. Nature, 415 (6870): 424-426.

Millennium Ecosystem Assessment, 2005. Ecosystems and Human Well-Being: Synthesis [M]. Washington: Island Press.

Miller K A., Stephanie A. Snyder, et al., 2012. An assessment of forest landowner interest in selling forest carbon credits in the Lake States, USA [J]. Forest Policy and Economics: 25.

Mink B, 2009. Global retail chains and poor farmers: Evidence from Madagascar [J]. World Development, 3723 (01): 178-193.

Miyata S, Miton N, Hu D, 2009. Impace of contrace farming on income: Linking small farmmers, spackers, and supermarkets in China [J]. Word development, 37 (11): 181-190.

Muradian R, Corbera E, Pasual U, et al., 2010. Reconciling theory and practice: an alternative conceptual framework for understanding payments for environmental services [J]. Ecological Economics (69): 1202-1208.

Muthoo A, 1999. Bargaining theory with applications [M]. Cambridge, England: Cambridge University Press.

Myers N，1996. Environmental Services of biodiversity [J] . Proceedings of the National Academy of Sciences，93 (07)：2764 - 2769.

Narayan D，Cassidy M F，2001. A Dimensional Approach to Measuring Social Capital：Development and Validation of a Social Capital Inventory [J] . Current Sociology， (49)：59 - 102.

Nash J F，1951. No-cooperative games [J] . Ann. Math，54 (02)：289 - 293.

Nash J F，1950. The bargaining problem [J] . Econometrical，18 (01)：155 - 162.

Nepal S K，Spiteri A，2011. Linking Livelihoods and Conservation：An Examination of Local Residents' Perceived Linkages between Conservation and Livelihood Benefits around Nepal's Chitwan National Park [J] . Environmental Management，47 (05)：727 - 738.

Neuman A D，Belcher K W，2011. The contribution of carbon-based payments to wetland conservation compensationon agricultural landscapes [J] . Agricultural Systems (104)：75 - 81.

Norman Uphoff，Wijayaratna C M，2000. Demonstrated Benefits from Social Capital：The Productivity of Farmer Organizations in Gal Oya，Sri Lanka [J] . World Development (01)：1875 - 1890.

Oreoluwa Ola，Luisa Menapace，Emmanuel Benjamin，et al.，2008. Determinants of the environmental conservation and poverty alleviation objectives of Payments for Ecosystem Services (PES) programs [J] . Ecosystem Services (10)：52 - 66.

Paxton P，1999. Is Social Capital Declining in the United States? A Multiple Indicator Assessment [J] . American Journal of Sociology，105 (01)：88 - 127.

Penjani K，Paul V，Espen S，2009. Forest incomes and rural livelihoods in Chiradzulu District，Malawi [J] . Ecological Economics (68)：613.

Petrosillo I，Costanza R，Arerano R，et al.，2013. The use of subjectiveindicators to assess how natural and social capital supportresidents'quality of life in a small volcanic island [J]. EcologicalIndicators，24：609 - 620.

Portes A，1976. On the sociology of national development：Theories and Issues [J]. American Journal of Sociology，82 (01)：55 - 85.

Prem B，2013. Rural livelihood change? Household capital，community re-sources and livelihood transition [J] . Journal of Rural Studies (32)：26 - 41.

Putnam R，1995. Bowling Alone：America's Declining Social Capital in America [J]. Journal of Democracy，6 (01)：65 - 78.

Raiffa H，Kuhn H，Tucker A W，1953. Arbitration schemes for generalized two-person games，Contributions to the theory of games [M] . Princeton，N. J.：Princeton University Press：3 - 8.

Rapport D J，1998. Ecosystem health [M] . Oxford，UK：Black-well Science：1 - 356.

Rong Cai，Wanglin Ma，2015. Trust，transaction costs，and contract enforcement：evidence from apple farmers in China [J] . British Food Journal (10)：2598 - 2608.

Rubinstein A，1982. Perfect Equilibrium in a Bargaining Model [J] . Econometrical (50)：97 - 109.

Rubinstein A，Wolinsky A，1985. Equilibrium in a Market with Sequential Bargaining [J]. Econometrical (53)：1133 - 1150.

Rumelt R P，Schendel D，Teece D J，1991. Strategic Management and Economics [J]. Strategic Management Journal (12)：5 - 29.

Sabatini F，2009. Social Capital as Social Networks：A New Framework for Measurement and an Empirical Analysis of Its Determinants and Consequences [J] . The Journal of Socio-economics (38)：429 - 442.

Scoones I，1998. Sustainable Rural Livelihoods：a Framework for analysis [J] . IDS Working Paper：72.

Sen A K，1999. Development as Freedom [M] . New York，NY：Anchor Books.

Sen A，1981. Public action and the quality of life in developing countries [J] . Oxford Bulletin of Economics and Statistics，43 (04)：287 - 319.

Shanshan Miao，Wim Heijman，Xueqin Zhu，2015. Social capital influences farmer participation in collective irrigation management in Shaanxi Province，China [J] . China Agricultural Economic Review (02)：448 - 466.

Sharp J S，Smith M B，2003. Social capital and farming at the rural - urban interface：the importance of nonfarmer and farmer relations [J] . Agricultural Systems (10)：913 - 927.

Sharp K，2003. Measuring destitution：integrating qualitative and quantitative approaches in the analysis of survey data [D] . Institute of Development Studies.

Simon，Alexander H，1969. The sciences of the artificial [M] . M. I. T. Press.

Somvang Phimmavong，Rodney J Keenan，2019. Forest plantation development，poverty，and inequality in Laos：A dynamic CGE microsimulation analysis [J] . Forest Policy and Economics，111 (12) .

Soniia David，Christopher Asamoah，2011. The Impact of Farmer Field Schools on Human and Social Capital：A Case Study from Ghana [J] . The Journal of Agricultural Education and Extension (05)：239 - 252.

Stainback G A，Alavalapiti J R R，2002. Economics analysis of slash pine forest carbon sequestration in the southern US [J] . Journal of Forest Economics，8 (02)：105 - 117.

Stig S G，2014. Exchange and Social Structure in Norwegian Agricultural Communities：How Farmers Acquire Labour and Capital [J] . Sociologia Ruralis (12)：206 - 226.

Sulistya Ekawati，Subarudi，Kushartati Budiningsih et al. ，2019. Policies affecting the implementation of REDD+ in Indonesia (cases in Papua，Riau and Central Kalimantan) [J]. Forest Policy and Economics (11)：128 - 143.

Thomas B Y，William M F，Tobias W，2018. Can Social Capital influence Smallholder Farmers'Climate-Change Adaptation Decisions? Evidence from Three Semi-Arid Communities in Burkina Faso，West Africa [J] . Social Sciences，7 (03)：33.

Thomas S，Dargusch P，Harrison S，et al.，2010. Why are There so Few Afforestation and Reforestation Clean Development Mechanism projects? [J] . Land use policy，27 (03)：880 - 887.

Thompson D W，Hansen E N，2012. Factors Affecting the Attitudes of Nonindustrial Private Forest Landowners Regarding Carbon Sequestration and Trading [J] . Journal of Forestry，110 (03)：129 - 137.

Tiba S，Frikha M，2018. Africa Is Rich，Africans Are Poor! A Blessing or Curse：An Application of Cointegration Techniques [J] . Journal of the Knowledge Economy (06)：1 - 26.

Tsang W K，1998. Can Guanxi be a Source of Sustained Competitive Advantage for doing Business in China? [J] . The Academy of Management Executive，12 (02)：64 - 74.

Ulengin F，Kabak O，Onsel S，et al.，2010. A problem-structuring model for analyzing transportation environment relationships [J] . European Journal of Operational Research，200 (03)：844 - 859.

UNFCCC，2018. CDM Executive Board 106th meeting dates announced [EB/OL] . (2018 - 11 - 10) [2019 - 12 - 3] . http：//cdm. unfccc. int/.

United Nations Secretariat. (2018 - 12 - 14) . http：//www. un. org/zh/aboutun/structure/unfccc/.

Wegner B，1991. Job Mobility and Social Ties：Social Resources，Prior Job，and Status Attainment [J] . American Sociological Review，56：1 - 12.

Wernerfelt B A，1985. Resourced-Based View of the Firm [J] . Strategic Management Journal (05)：171 - 180.

Wills E，2009. Spirituality and subjective well- being：Evidences for anew domain in the personal well-being index [J] . Journal of Happiness Studies，10 (01)：49 - 69.

Wills E，Orozoco L E，Forero P C，et al.，2011. The relationship between perceptions of insecurity，social capital and subjective well-being：Empirical evidences from areas of rural conflict in Colombia [J] . The Journal of Socio-Economics，40 (01)：88 - 96.

Wise R M，Butler J R A，Suadnya W，et al.，2016. How climate compatible are livelihood adaptation strategies and development programs in rural Indonesia? [J] . Climate Risk Management (06)：100 - 114.

Word Bank，ECOFYS，2017. State and Trends of Carbon Pricing [J] . Vivid Economics (11)，[2018 - 01 - 23] . http：//openknowlege. Worldbank. org/handle/10986/28510.

Wunder S. Payments for Environmental Services：Some Nuts and Bolts [R] . Sindang Barang，Indonesia：Center for International Forestry Research，2005：3 - 8.

Yamazaki S, Resosudarmo B P, Girsang W, et al., 2018. Productivity, Social Capital and Perceived Environment Threats in Small-island Fisheries: Insights from Indonesia [J]. Ecological Economics (152): 62-75.

Yan A, Gray B, 1994. Bargaining power, Management Control, and Performance in United States-China Joint Ventures: A Comparative Case Study [J]. The Academy of Management Journal, 37 (6): 1478-1517.

Yu Yao S, Zhang B. Designing Afforestation Subsidies that Account for the Benefits of Carbon Sequestration: A Case Study Using Data From China's Loess Plateau [J]. Journal of Forest Economics, 2014 (20): 65-76.

Zhang C, Zhang N, 2009. The Cultivation of Farmers'Social Capital from the Perspective of the New Rural Construction [J]. International Journal of Business and Management, 3 (07): 76.

Zhang L, Feng S, Heerink N, et al., 2018. How do Land Rental Markets Affect Household Income? Evidence from Rural Jiangsu, P. R. China [J]. Land Use Policy, 74: 151-165.

Zhang Q F, 2008. Retreat from Equality or Advance toward Efficiency? Land Markets and Inequality in Rural Zhejiang [J]. The China Quarterly, 195 (01): 535-557.

Zukin S, Dimaggio P, 1990. Structures of capital: The Social Organization of the Economy [M]. New York: Cambridge University Press.

附录A CCER林业碳汇审定项目基本信息

CCER林业碳汇审定项目基本信息

序号	林业碳汇项目名称	项目类型	省份	项目业主	林地性质	林地使用权归属	林木所有权归属	碳汇所有权归属
1	鸡西市碳汇造林项目	碳汇造林项目	黑龙江省	鸡西市梁家园林景观有限公司	国有	林场	未提及	未提及
2	湖北省崇阳县碳汇造林项目	碳汇造林项目	湖北省	湖北省国有崇阳县古市林场	国有、集体	林场、集体所有	林地所有者	项目业主
3	湖北省嘉鱼县碳汇造林项目	碳汇造林项目	湖北省	嘉鱼县国营王家月苗圃场	国有、集体	林场、乡镇集体	未提及	项目业主、乡镇集体
4	湖北省孝感市碳汇造林项目	碳汇造林项目	湖北省	孝感市林业调查规划设计院	国有、集体和个人所有	国有、集体和个人所有	项目业主	项目业主、开发商
5	剑河县碳汇造林项目	碳汇造林项目	贵州省	剑河县林工商公司	国有、集体	项目业主	林地所有权者	归项目业主、林地所有权者
6	广西桂平市碳汇造林项目	碳汇造林项目	广西壮族自治区	桂平市林科活性炭有限公司	集体	村集体所有	林地所有权者	项目业主
7	西林吉碳汇造林项目	碳汇造林项目	黑龙江省	大兴安岭林业集团公司西林吉林业局	国有	项目业主	林地所有权者	项目业主

（续）

序号	林业碳汇项目名称	项目类型	省份	项目业主	林地性质	林地使用权归属	林木所有权归属	碳汇所有权归属
8	广东省翁源县碳汇造林项目	碳汇造林项目	广东省	广州市广碳碳排放开发投资有限公司	集体	项目业主	未提及	项目业主
9	广昌县碳汇造林项目	碳汇造林项目	江西省	广昌县投资发展有限责任公司	国有、集体	农户	林地所有权者	项目业主
10	江西省萍乡市莲花县高天岩生态林场碳汇造林项目	碳汇造林项目	江西省	江西省萍乡市莲花县高天岩生态林场	国有	项目业主	项目业主	项目业主、项目开发单位
11	广东省郁南县碳汇造林项目	碳汇造林项目	广东省	郁南县国腾碳汇有限公司	集体和个人所有	项目业主	项目业主	项目业主、项目开发单位
12	福建省永定县碳汇造林项目	碳汇造林项目	福建省	龙岩市永定区国碳碳汇开发有限公司	国有、集体和个人所有	项目开发单位	项目开发单位	项目业主、项目开发单位
13	方山县碳汇造林项目	碳汇造林项目	山西省	方山县兴城城市基础设施建设投资开发有限公司	集体	集体	林地所有权者	项目业主所
14	丰宁国营林场碳汇造林项目	碳汇造林项目	河北省	丰宁国有林场管理处云雾山林场	国有、集体	未提及	未提及	项目业主所
15	福建省宁化县福碳碳汇造林项目	碳汇造林项目	福建省	广州市广碳碳排放开发投资有限公司	国有、集体和个人所有	项目业主	项目业主	项目业主
16	蒙恩林业（宜恩）发展有限公司 2013 年度碳汇造林项目	碳汇造林项目	湖北省	湖北蒙恩花木发展有限公司	国有	项目业主	未提及	项目业主

（续）

序号	林业碳汇项目名称	项目类型	省份	项目业主	林地性质	林地使用权归属	林木所有权归属	碳汇所有权归属
17	江西省萍乡市莲花县碳汇造林项目	碳汇造林项目	江西省	江西省萍乡市莲花县玉壶山生态林场	国有	项目业主	项目业主	项目业主、项目开发单位
18	伊泰集团杭锦旗碳汇造林项目	碳汇造林项目	内蒙古自治区	内蒙古伊泰煤炭股份有限公司	集体	项目业主	项目业主	项目业主
19	金河森林工业有限公司碳汇造林项目	碳汇造林项目	内蒙古自治区	中国内蒙古森工集团金河森林工业有限公司	国有	项目业主	项目业主	项目业主
20	江西省玉山县碳汇造林项目	碳汇造林项目	江西省	玉山县林业工程质量监理中心	国有、集体和个人所有	项目业主	项目业主	项目业主、项目开发单位
21	湖北省通山县碳汇造林项目	碳汇造林项目	湖北省	湖北省国有通山县北山林场	国有、集体	有通山县林场和通山县所在辖区乡镇集体所有	林地所有权者	项目业主、村集体
22	湖北昌兴碳汇造林项目	碳汇造林项目	湖北省	湖北昌兴农林开发集团有限公司	集体	项目业主	项目业主	项目业主、共同开发者
23	贵州江口县碳汇造林项目	碳汇造林项目	贵州省	江口县飞龙营林有限公司	集体	村集体所有	林地所有权者所有，	项目业主和林地所有权者共同所有
24	江西安远碳汇造林项目	碳汇造林项目	江西省	安远县林业开发公司	国有、集体	林地所有权者	林地所有权者	项目业主
25	桑植县碳汇造林项目	碳汇造林项目	湖南省	张家界鸿瑞林业有限公司	集体	村集体所有	村集体所有	项目业主

（续）

序号	林业碳汇项目名称	项目类型	省份	项目业主	林地性质	林地使用权归属	林木所有权归属	碳汇所有权归属
26	饶平县碳汇造林项目	碳汇造林项目	广东省	潮州市润东林业技术服务有限公司	集体	农户	村集体所有（农户）	项目业主
27	江西会昌碳汇造林项目	碳汇造林项目	江西省	会昌县绿源林业投资有限责任公司	国有、村集体	项目业主		项目业主
28	青海省碳汇造林项目	碳汇造林项目	青海省	青海省林业技术推广总站	集体	属村集体所有	属村集体所有。	项目业主
29	丰溪现代林业发展有限公司碳汇造林项目	碳汇造林项目	广东省	广东丰溪现代林业发展有限公司	集体	农户	农户	项目业主
30	云南景谷长生林碳汇造林项目	碳汇造林项目	云南省	景谷长生林碳汇开发有限公司	国有	云南景谷林业股份有限公司	云南景谷林业股份有限公司	项目业主、云南景谷林业股份有限公司
31	宁县美利纸业股份有限公司建设林纸一体化碳汇造林项目	碳汇造林项目	宁夏回族自治区	中冶美利林业开发有限公司	集体	项目业主	项目业主	项目业主
32	河北省张家口市碳汇造林项目	碳汇造林项目	河北省	沽源县农业开发种苗服务中心	国有、集体	国有、集体所有（沽源）	林地所有者	项目业主、林场和林地所有者按 1∶4∶5分配
33	湖南茂源林业有限责任公司造林碳汇项目	碳汇造林项目	湖南市	湖南茂源林业有限责任公司	集体	村集体	村集体	项目业主
34	河南新县沙窝镇碳汇造林富农项目	碳汇造林项目	河南省	新县沙窝兴盛种植农林农民专业合作社	集体	项目业主	未提及	项目业主

（续）

序号	林业碳汇项目名称	项目类型	省份	项目业主	林地性质	林地使用权归属	林木所有权归属	碳汇所有权归属
35	云南省香格里企鹅植被恢复碳汇造林项目	碳汇造林项目	云南省	云南省绿色环境发展基金会	集体	村集体	未提及	项目业主
36	内蒙古宁城碳汇造林项目	碳汇造林项目	内蒙古自治区	宁城县林康林业种植专业合作社	国有	国有林场	林地所有权者	项目业主
37	云南迪士尼退化土碳汇造林项目	碳汇造林项目	云南省	云南省绿色环境发展基金会	集体	村集体	未提及	项目业主
38	大兴安岭松岭林业局碳汇造林项目	碳汇造林项目	黑龙江省	大兴安岭松岭林业局	国有	项目业主	项目业主	项目业主
39	安徽旌德碳汇造林项目	碳汇造林项目	安徽省	安徽省旌德华森有限责任公司	国有	项目业主及国有林场	林地所有权者	项目业主
40	江西吉安碳汇造林项目	碳汇造林项目	江西省	吉安县群兴实业有限公司	国有	项目业主及国有林场所有	林地所有权者	项目业主
41	盐城射阳县金海林场造林碳汇	碳汇造林项目	江苏省	射阳县金海林场	集体	权属村集体	未提及	归项目业主
42	新疆麦盖提县造林碳汇项目	碳汇造林项目	新疆维吾尔自治区	麦盖提县基地军联棉业有限责任公司	集体	麦盖提县人民政府集体	未提及	归项目业主
43	广西大桂山林场碳汇造林项目	碳汇造林项目	广西壮族自治区	贺州长生林碳汇开发有限公司	国有、集体	国有或土地承包单位所有	国有林场	项目业主、农户

（续）

序号	林业碳汇项目名称	项目类型	省份	项目业主	林地性质	林地使用权归属	林木所有权归属	碳汇所有权归属
44	广东省西江林业局碳汇造林项目	碳汇造林项目	广东省	广东省西江林业总场	国有	项目业主或联合参与项目的单位所有	合作参与项目开发单位	项目业主、项目开发单位
45	浙江苍南碳汇造林项目	碳汇造林项目	浙江省	浙江苍海碳汇林业开发有限公司	集体	项目业主	未提及	项目业主
46	扎赉特旗碳汇造林项目	碳汇造林项目	内蒙古自治区	内蒙古森发林业开发（集团）有限公司	国有、集体	林场或个人所有	林地所有权者	林权所有者所有
47	黑龙江省大兴安岭十八站林业局碳汇造林项目	碳汇造林项目	黑龙江省	大兴安岭十八站林业局	未提及	未提及	未提及	未提及
48	云南普洱科贸林化有限公司碳汇造林项目	碳汇造林项目	云南省	普洱科茂林化有限公司	未提及	项目业主所有	林地所有权者	项目业主
49	满归碳汇造林项目	碳汇造林项目	内蒙古自治区	中国内蒙古森工集团满归森林工业有限公司	国有	项目业主	项目业主	项目业主
50	湖南省资兴市碳汇造林项目	碳汇造林项目	湖南省	资兴市林业开发公司	国有、集体	林场、土地承包单位	林场、土地承包单位	项目业主
51	云南云景林业开发有限公司碳汇造林项目	碳汇造林项目	云南省	云南云景林业开发有限公司	国有、集体	项目业主	林地所有权者	项目业主

（续）

序号	林业碳汇项目名称	项目类型	省份	项目业主	林地性质	林地使用权归属	林木所有权归属	碳汇所有权归属
52	奥迪熊猫栖息地多重效益森林恢复造林碳汇项目	碳汇造林项目	四川省	四川冕宁县林业有限公司	国有、集体	项目业主	林地所有权者	项目业主
53	黑龙江省林口县碳汇造林项目	碳汇造林项目	黑龙江省	黑龙江省林口林业局	国有	黑龙江省林口林业局所有	项目业主	项目业主
54	塞罕坝机械林场造林碳汇项目	碳汇造林项目	河北省	河北省塞罕坝机械林场总场大唤起 林场	国有	未提及	未提及	项目业主
55	内蒙古红花尔基退化土地碳汇造林项目	碳汇造林项目	内蒙古自治区	鄂温克族自治旗红花尔基绿海森林旅游有限责任公司项	国有	项目业主	项目业主	项目业主
56	亿利资源集团内蒙古库布其沙漠造林项目	碳汇造林项目	内蒙古自治区	亿利资源集团有限公司	未提及	未提及	未提及	未提及
57	内蒙古科尔沁右翼前旗退化土地碳汇造林项目	碳汇造林项目	内蒙古自治区	科右前旗森源林产品有限公司	国有	项目业主	项目业主	项目业主
58	房山区石楼镇碳汇造林项目	碳汇造林项目	北京	北京世纪天诚土地开发有限公司	集体	未提及	未提及	项目业主
59	大埔县碳汇造林项目	碳汇造林项目	广东省	广东丰溪现代林业发展有限公司	集体	农户	农户	项目业主
60	黑龙江图强林业局碳汇造林项目	碳汇造林项目	黑龙江省	大兴安岭图强林业局	国有	项目业主	未提及	项目业主

（续）

序号	林业碳汇项目名称	项目类型	省份	项目业主	林地性质	林地使用权归属	林木所有权归属	碳汇所有权归属
61	北京房山区平原造林碳汇项目	碳汇造林项目	北京市	北京龙乡韵绿园林绿化工程有 限公司	集体	村集体	未提及	项目业主
62	中国内蒙古森工集团根河森林工业有限公司碳汇造林项目	碳汇造林项目	内蒙古自治区	中国内蒙古森工集团根河森林工业有限公司	国有	项目业主	林地所有权者	项目业主
63	丰宁千松坝林场碳汇造林一期项目	碳汇造林项目	河北省	丰宁满族自治县潮滦源园林绿化工程有限公司	集团	未提及	未提及	项目业主
64	江西丰林碳汇造林项目	碳汇造林项目	江西省	江西丰林投资开发有限公司	集体	项目业主	项目业主	项目业主
65	顺义区碳汇造林一期项目	碳汇造林项目	北京市	北京天虹信诚园林绿化有限公司	集体	未提及	未提及	项目业主
66	广东长隆碳汇造林项目	碳汇造林项目	广东省	广东翠峰园林绿化有限公司	集体	农户	农户	项目业主
67	云南省腾冲市森林经营碳汇示范项目	森林经营碳汇项目	云南省	云南省绿色环境发展基金会	国有	国有林场	国有林场	项目业主
68	清远连南森林经营碳汇项目	森林经营碳汇项目	广东省	连南瑶族自治县大龙山林场	国有、集体	未提及	未提及	项目业主
69	长白山森工集团安图森林经营项目	森林经营碳汇项目	吉林省	长白山森工集团安图林业有限公司	国有	项目业主	项目业主	项目业主

（续）

序号	林业碳汇项目名称	项目类型	省份	项目业主	林地性质	林地使用权归属	林木所有权归属	碳汇所有权归属
70	长白山森工集团八家子林业有限公司森林经营碳汇项目	森林经营碳汇项目	吉林省	长白山森工集团八家子林业有限公司	国有	项目业主	项目业主	项目业主
71	黑龙江省红星林业局森林经营碳汇项目	森林经营碳汇项目	黑龙江省	黑龙江省红星林业局	国有	项目业主	项目业主	项目业主
72	长白山森工集团天桥岭林业有限公司森林经营碳汇项目	森林经营碳汇项目	吉林省	长白山森工集团天桥岭林业有限公司	国有	项目业主	项目业主	项目业主
73	福建金森林业有限公司森林经营碳汇项目	森林经营碳汇项目	福建省	福建金森林业股份有限公司	国有	项目业主	项目业主	项目业主
74	吉林省露水河林业局森林经营碳汇项目	森林经营碳汇项目	吉林省	吉林省露水河林业局	国有	项目业主	项目业主	项目业主
75	吉林省湾沟林业局森林经营碳汇项目	森林经营碳汇项目	吉林省	吉林省湾沟林业局	国有	项目业主	项目业主	项目业主
76	敦化市林业局森林经营碳汇项目	森林经营碳汇项目	吉林省	敦化市林业局	国有	项目业主	项目业主	项目业主
77	吉林省长白森林经营局林业经营碳汇项目	森林经营碳汇项目	吉林省	长白森林经营局	国有	项目业主	项目业主	未提及

(续)

序号	林业碳汇项目名称	项目类型	省份	项目业主	林地性质	林地使用权归属	林木所有权归属	碳汇所有权归属
78	吉林省松江河森林经营碳汇项目	森林经营碳汇项目	吉林省	吉林森工松江河林业（集团）有限公司	国有	项目业主	项目业主	项目业主
79	长白山森工集团有限公司汪清林业分公司森林经营碳汇项目	森林经营碳汇项目	吉林省	长白山森工集团有限公司	国有	林业局	林业局	项目业主
80	吉林省三岔子林业局森林经营碳汇项目	森林经营碳汇项目	吉林省	吉林省三岔子林业局	国有	林业局	林业局	项目业主
81	吉林省泉阳林业局森林经营项目	森林经营碳汇项目	吉林省	吉林省泉阳林业局	国有	林业局	林业局	项目业主
82	内蒙古克一河森林经营碳汇项目	森林经营碳汇项目	内蒙古自治区	内蒙古克一河森林工业有限责任公司	国有	项目业主	未提及	项目业主
83	内蒙古乌尔旗汉森林经营碳汇项目	森林经营碳汇项目	内蒙古自治区	中国内蒙古森工集团乌尔旗汉森林工业有限公司	国有	项目业主	未提及	项目业主
84	塞罕坝机械林场森林经营碳汇项目	森林经营碳汇项目	河北省	河北省塞罕坝机械林场总场大唤起林场	国有	未提及	未提及	项目业主
85	吉林省泉阳林业局森林经营碳汇项目	森林经营碳汇项目	吉林省	吉林省泉阳林业局	国有	林业局	未提及	林业局

（续）

序号	林业碳汇项目名称	项目类型	省份	项目业主	林地性质	林地使用权归属	林木所有权归属	碳汇所有权归属
86	吉林省和龙森林经营碳汇项目	森林经营碳汇项目	吉林省	长白山森工集团和龙林业有限公司	国有	项目业主	项目业主	项目业主
87	吉林省白石山林业局森林经营碳汇项目	森林经营碳汇项目	吉林省	吉林省白石山林业局	国有	林业局	未提及	林业局
88	吉林省红石森林经营碳汇项目	森林经营碳汇项目	吉林省	吉林省红石林业局	国有	项目业主	项目业主	项目业主
89	黑龙江省兴隆森林经营碳汇项目	森林经营碳汇项目	黑龙江省	黑龙江省兴隆林业局	国有	项目业主	项目业主	项目业主
90	黑龙江翠峦森林经营碳汇项目	森林经营碳汇项目	黑龙江省	黑龙江省翠峦林业局	国有	项目业主	项目业主	项目业主
91	湖北省通山县竹子造林碳汇项目	竹子造林碳汇项目	湖北省	通山军安生态农业有限公司	集体	目业主、参与单位和农户	竹材、竹笋归项目业主所有	项目业主、开发单位和农户
92	湖北省通山县竹林经营碳汇项目	竹林经营碳汇项目	湖北省	通山县国有一盘坵林场	国有、集体	林场和村集体所有	竹材、竹笋收益归竹林使用权者所有	项目业主
93	浙江省遂昌县竹林经营碳汇项目	竹林经营碳汇项目	浙江省	遂昌县绿源营林有限公司	集体	村集体经济合作社所有	产生竹材、竹笋收益归竹林使用权者所有	项目业主

（续）

序号	林业碳汇项目名称	项目类型	省份	项目业主	林地性质	林地使用权归属	林木所有权归属	碳汇所有权归属
94	浙江省诸暨市竹林经营碳汇项目	竹林经营碳汇项目	浙江省	浙江佳松能源股份有限公司	集体	未提及	项目产生竹材、竹笋收益归竹林使用权者所有	项目业主
95	浙江省景宁畲族自治县竹林经营碳汇项目	竹林经营碳汇项目	浙江省	景宁永强林业勘察设计有限公司	国有、集体	未提及	竹材、竹笋收益归竹林使用权者所有	项目业主
96	浙江省安吉县竹林经营碳汇项目	竹林经营碳汇项目	浙江省	安吉林业发展有限公司	集体	村集体	竹材、竹笋收益归竹林使用权者所有	项目业主

数据来源：根据中国自愿减排交易信息平台公布的林业碳汇审定项目设计书（PPD）资料整理。

附录B　农村社区调研问卷Ⅰ

问卷编码____________

农村社区调研问卷Ⅰ

（林业碳汇　村级调研）

省：____________________

市/县：____________________

乡/镇____________________

村：____________________

林业碳汇项目：____________________

受访者姓名：____________________

受访者电话：____________________

调查员姓名：____________________

调查日期：____________________

1 村庄基本信息

1.1 基本情况

村庄农户数量（户）	村庄人口数（人）	村庄距离镇市场的距离（公里）	村庄距离市/县城的距离（公里）	村庄硬化路面长度（公里）	是否有农村合作组织：1. 有；0. 否	外出打工人数（人）	人均收入（元）

1.2 耕地情况

耕地总面积（亩）	水田面积（亩）	旱田面积（亩）	耕地地力保护补贴标准（元/亩）	主要粮食作物：1. 小麦；2. 水稻；3. 玉米；4. 薯类；5. 其他	主要经济作物：0. 无；1. 棉花；2. 花生；3. 其他	蔬菜的主要用途：0. 自用；1. 出售

主要粮食作物补充：________________

主要经济作物补充：________________

1.3 林地情况

林地总面积（亩）	天然林面积（亩）	人工林面积（亩）	公益林面积（亩）	商品林面积（亩）	竹林面积（亩）	经济林面积（亩）	用材林面积（亩）	营林补贴（元/亩）	是否开展林下经济：0. 否；1. 是

2　村庄对外联系情况

村庄近3年派出学习或考察的次数： 0次＝0；1次＝1；2次＝2；3次＝3；＞3次＝4	村庄近5年与林业企业或组织合作开展活动的次数： 0次＝0；1次＝1；2次＝2；3次＝3；＞3次＝4	村庄近5年从政府部门了解林业生产或经营的情况： 没有＝0；很少＝1；一般＝2；比较多＝3

3　林业碳汇项目情况

是否开发林业碳汇项目： 0. 否；1. 是	开发林业碳汇项目的林地面积 （亩）	林地类型： 1. 公益林；2. 用材林；3. 竹林	农户获得的项目权益类型： 1. 林地使用权；2. 林木（竹材）所有权；3. 减排收益

附录C　农村社区调研问卷Ⅱ

问卷编码____________

农村社区调研问卷Ⅱ

（林业碳汇　农户调研）

省：____________________

市/县：____________________

乡/镇____________________

村：____________________

林业碳汇项目：____________________

受访者姓名：____________________

受访者电话：____________________

调查员姓名：____________________

调查日期：____________________

1　农户基本信息

与户主关系 1. 户主；2. 配偶； 3. 父母；4. 子女； 5. 孙子辈；6. 其他	性别 0. 女； 1. 男	年龄 （岁）	受教育年限 （年）	健康状况 1. 差；2. 较差；3. 一般； 4. 较好；5. 良好	是否村干部 0. 否；1. 是	是否参加工作 0. 否；1. 是	工作类型 0. 上学；1. 种地为主； 2. 养殖；3. 打工为主； 4. 经商；5 固定工作； 6. 其他	年收入 （元）

注：受教育年限：小学 6 年；初中 9 年；高中 12 年；超过 15 年为大学。

2　关于林业碳汇

您是否参与林业碳汇项目？ 0. 否；1. 是	您知道林业碳汇 在哪里出售吗？	只要是林地都可以 开发林业碳汇，您认为对吗？	您认为林业碳汇项目 期间可以砍伐树木吗？	您认为林业碳汇项目期间 可以大规模整理林地吗？

您认为开发林业碳汇项目的风险大吗？ 0. 没有风险；1. 有一点风险；2. 一般；3. 风险比较大；4. 风险非常大	您认为森林生态价值如何？0. 没有生态价值；1. 有一点；2. 一般；3. 比较重要；4. 特别重要

3 农户社会资本

家中是否有村干部：0. 否；1. 有	春节走动的亲朋户数（户）	每年人情往来支出（百元）

农户人际信任		农户制度信任		组织工具支持		
对村支书的信任程度：1. 不信任；2. 有点信任；3. 一般；4. 比较信任；5. 非常信任	对邻里的信任程度：1. 不信任；2. 有点信任；3. 一般；4. 比较信任；5. 非常信任	对林业碳汇政策的信任程度：1. 不信任；2. 有点信任；3. 一般；4. 比较信任；5. 非常信任	对项目契约的信任程度：1. 不信任；2. 有点信任；3. 一般；4. 比较信任；5. 非常信任	组织传达碳汇市场信息数量：1. 没有；2. 非常少；3. 一般；4. 比较多；5. 非常多	组织对森林生态功能的宣传：1. 没有；2. 非常少；3. 一般；4. 比较多；5. 非常多	组织对农户生活上的帮助：1. 没有；2. 非常少；3. 一般；4. 比较多；5. 非常多

4 农户资源情况

4.1 耕地情况

耕地总面积（亩）	水田面积（亩）	旱田面积（亩）	主要粮食作物		主要经济作物		蔬菜种植		是否加入合作社 0. 否；1. 加入
			1. 小麦；2. 水稻；3. 玉米；4. 薯类；5. 其他	年产出（千克）	0. 无；1. 棉花；2. 花生；3. 其他	年产出（千克）	年产出（千克）	用途 0. 自食；1. 出售	

注：林地总面积指 2017 年实际经营耕地面积，包括转入他人耕地面积，不包括转出耕地面积。

主要粮食作物补充：________________

主要经济作物补充：________________

主要蔬菜种类补充：________________

4.2　林地情况

林地总面积（亩）	林地坡度：1. 陡峭；2. 比较陡；3. 平缓	天然林面积（亩）	人工林面积（亩）	公益林面积（亩）	商品林面积（亩）	经济林面积（亩）	用材林面积（亩）	竹林面积（亩）	是否开展林下经济：0. 否；1. 是

注：林地总面积：2017年实际经营林地面积，包括转入他人林地面积，不包括转出林地面积。

主要树种（名称）	林地主要经营形式：1. 单户；2. 农户联合；3. 股份合作；4. 村小组经营；5. 其他	是否有林权证：0. 否；1. 有	是否加入林业合作社：0. 否；1. 是	遭遇林业灾害类型：0. 无；1. 火灾；2. 病虫鼠害；3. 其他

4.3　养殖情况

	鸡（只）	鸭（只）	鹅（只）	猪（头）	羊（头）	牛（头）	马（头）	驴（头）	其他1	其他2	总价值（元）
年养殖量											
价值（元）											

4.4 固定资产情况

住房情况			交通工具					家用电器			
住宅数量（处）	住宅类型：1. 土木；2. 砖木；3. 砖瓦；4. 混凝土	房屋总面积（平方米）	拖拉机（辆）	摩托车（辆）	三轮车（辆）	汽车（辆）	计算机（台）	电视（台）	冰箱（台）	洗衣机（台）	手机（部）

4.5 金融资产情况

是否有存款：0. 没有；1. 存款<1 万元；2. 存款 1 万～3 万元；3 存款 3 万～5 万元；4. 存款>5 万元	是否有机构贷款：0. 没有；1. 有	是否有林权抵押贷款：0. 没有；1. 有	是否有私人借款：0. 没有；1. 有	借 10 万元要多久：1. 筹不到；2. 半个月；3. 一周内；4. 三天内；5. 自家有

5 农户的生计输出

5.1 农户收入

耕地种植			营林收入			补贴性收入		养殖收入（元）	土地收入（元）	务工收入（元）	其他（元）
粮食收入（元）	经济作物收入（元）	耕地补贴（元）	营林补贴（元）	经济林产品（元）	林下种植收入（元）	养殖收入（元）	耕地补贴（元）				

5.2 农户主观福祉满意度

农户对生态系统的满意度			农户对社会关系的满意度	
您对村庄生态环境的满意度：1. 很不满意；2. 较不满意；3. 一般；4. 较满意；5. 很满意	您对当前资源收入供给的满意度：1. 很不满意；2. 较不满意；3. 一般；4. 较满意；5. 很满意	您对资源、能源、食物供给的满意度：1. 很不满意；2. 较不满意；3. 一般；4. 较满意；5. 很满意	您对与社区邻居关系的满意度：1. 很不满意；2. 较不满意；3. 一般；4. 较满意；5. 很满意	您对村领导的满意度：1. 很不满意；2. 较不满意；3. 一般；4. 较满意；5. 很满意

后　记

本书是在我博士论文的基础上修改完成的。现在回想漫漫求学路，有艰辛、有付出，更有满满的收获。

在对学业的追求上，我原本不是一个积极上进的人，至少在年少时是这样的。中学时候的我，最大的兴趣就是追各种电视剧和电影，其间虽不曾有过青春期的叛逆，但也没有把学习放在心上，以至于浑浑噩噩地读完了高中，勉勉强强考上了一所专科院校。非常幸运，我在读大三那一年赶上了专接本政策，就这样，专科毕业后我进入了本科院校学习。更幸运的是在本科学习阶段，我遇到了我的先生陈松，是他一直鼓励我在求学的道路上不断前进。本科毕业后，我直接参加了工作，但他鼓励我一定要考研，他说这样人生才能更广阔。在他的鼓励和帮助下，我考取了硕士研究生。硕士毕业后，我成为了一名高校教师，后来还有了一个可爱的儿子。成为母亲后，我就再也没有想过继续进入学校读书了。这时候还是我的先生，他对我说：你一定要读博士，你会看到更高更远的风景。就这样，又是在他的鼓励和帮助下，我有幸进入北京林业大学经济管理学院继续攻读博士学位。感谢我的先生在我求学路上给予的鼓励和支持。

在北京林业大学，我师从张大红教授开展林业碳汇和森林生态安全方向的研究。在学术研究上，张老师学识渊博、治学严谨、思维活跃、见解独到，是一个每天都充满神奇 idea 的导师！他为学生营造了浓厚的学术氛围，对我日常的学习、科研及论文写作给予了巨大的帮助。在学术研究之外，导师宅心仁厚、温良敦厚、平易近人，对待学生更是纯良慈爱，是我做人的榜样。导师的付出和鼓励是我能完成博士学业的保障。在此，向导师表示我最诚挚的谢意！

在此一并感谢北京林业大学的张彩虹教授、米峰教授、我亲爱的同学们以及我可爱的同事们，感谢他们在我学习、生活和工作中给予的帮助。

对于父母，我是有愧的。父母年事已高，作为女儿本应照顾他们，但因为分居两个城市，再加上平时工作比较忙，反倒经常被他们照顾。记得有一年儿子生病需要做手术，先生和我工作都比较忙，实在是分身乏术。知道我们的情况后，已将近七十岁的两位老人二话不说坐着火车就来到了我们身边。父母对孩子的爱永远是最无私的！特别感谢我的父母。

还要说一下我的儿子，他是一个活泼、可爱、好动的小男孩。他听说我的书要出版，强烈要求一定要在书中写一下他！作为妈妈，感谢你在我紧张的工作、学习与论文写作期间，给予了最大程度的配合。没有制造额外的困难就是配合哈！

回想起一段段的求学历程，真的就像在不断攀越一座知识的大山，每完成一个阶段的学习，就攀上了山的更高位置。在更高的位置，我能看到更广阔的风景，也能看到更多自己未知的领域，这让我对生命、对科学都更加敬畏。因此，在看似单调的日复一日中，我总能感受到学问带给我的乐趣。

一路走来，心存感恩！